A COLLECTION OF
GREAT WORKS FOR THE 20TH
CHINA INTERIOR DESIGN GRAND PRIX

第二十届中国室内设计大奖赛
优秀作品集

中国建筑学会室内设计分会　编

江苏凤凰科学技术出版社

大赛评委

叶铮

上海应用技术大学环艺系系主任

傅祎

中央美术学院建筑学院党总支书记

刘伟

长沙佳日设计机构设计总监

秦岳明

深圳朗联设计顾问有限公司设计总监

袁文翰

伍兹贝格建筑设计咨询（北京）有限公司合伙人、中国区办公室内设计总监

本书收录了中国室内设计大奖赛组委会 2017 年举办的第二十届中国室内设计大奖赛的各类获奖作品。内容包括工程类作品（酒店会所、餐饮、休闲娱乐、零售商业、办公、文化展览、大型公共建筑、教育医疗、住宅），方案类作品（概念创新、文化传承、生态环保），以及入选奖作品（酒店会所、餐饮、休闲娱乐、零售商业、办公、文化展览、大型公共建筑、教育医疗、住宅、概念创新、文化传承、生态环保、新秀奖）。

本书可供室内设计、建筑设计、环艺设计、景观设计等专业的设计师和院校师生借鉴参考。

目 录

工程类

A 酒店会所

B 餐饮

C 休闲娱乐

D 零售商业

E 办公

F 文化展览

G 大型公共建筑

H 教育医疗

I 住宅

方案类

J 概念创新

K 文化传承

L 生态环保

入选奖

A 酒店会所

B 餐饮

C 休闲娱乐

D 零售商业

E 办公

F 文化展览

G 大型公共建筑

H 教育医疗

I 住宅

J 概念创新

K 文化传承

L 生态环保

X 新秀奖

第二十届中国室内设计大奖赛
优秀作品集

A COLLECTION OF GREAT WORKS FOR
THE 20TH CHINA INTERIOR DESIGN GRAND PRIX

工程类

酒店会所

银奖

蒲绒健康精品酒店 · 蒲

设计单位：北京清石建筑设计咨询有限公司
设计主创：李怡明、周全贤
项目面积：4000 平方米
项目地点：北京海淀区
主要材料：美国红橡木、石材拼花（法国灰、意大利灰、地中海灰）、硅藻泥饰面

该项目的前身是一家设计师于十年前打造的快捷酒店，由一个小型商场改造而成。这次业主又找到设计师，想把它改造成一个高端的体检中心以及一个以健康为主题的精品酒店。

由于建筑的进深很大，原有的酒店有很多“黑暗”的房间。设计师说服业主，自上而下拆除了三层的楼板，形成了一个采光中庭。由此，明媚的阳光、新鲜的空气和鲜活的绿植在这里“安家”。

中庭的地毯采用定制的草坪图案。定制的草坪图案经过数十次打样才最终确定，在灯光的点缀下，显得极为真实和生机勃勃。一个侧壁挂满绿植的螺旋形楼梯从草坪地毯向上延伸，贯通三层中庭，寓意着生命、健康、生长。

温暖舒适的“光线”是整个项目的核心设计要素。走廊的地面采用定制的蒲公

英图案的地毯，墙面材料全部采用硅藻泥，在暖色灯带的衬托下，整个走廊弥漫着温馨柔和的光线。硅藻泥材料独有的分子结构营造了健康的环境氛围。

客房分为欧式和中式两种风格，透过纱帘，每个房间都洒满温暖舒适的光线。欧式客房配备了按摩浴缸，客人能沐浴在充足的阳光下。而中式客房则在窗边设置了舒适的双人足浴池，并在卫生间内配备了音乐桑拿房，为客人提供全身心的健康服务和空间体验。

健身房、瑜伽室、水疗室、餐厅等房间设置在顶层，目的是让客人在运动的同时也能欣赏北京香山的美景；天气好的时候，客人穿过纯净舒适的餐厅，可以在屋顶的露台休憩，或一览四周的风景。

酒店设置了防雾霾空调系统，每个房间都有直饮水。大堂有自助式体检仪，由专业人员提供诊疗结果，并为客人量身定制营养套餐和运动健身方案，楼下的高端体检中心也能随时提供进一步的精确诊疗服务。

银奖

D-Force 娱乐会所

设计单位：广州共和都市设计有限公司
设计主创：黄永才
设计团队：黄永杰、王文杰、王艳玲
项目面积：3000 平方米
主要材料：不锈钢、玻璃、铜

D-Force 是一家以桌球游戏为主的娱乐会所，在这里，游戏如一场微缩的故事，开局、角逐、高潮、结局。游戏中有许多戏剧性的元素，从不明朗的开局到最终的胜负，中间的角逐就是游戏的魅力所在。该项目力求通过空间设计与体验来呈现游戏的各种内涵和状态。

入口前台区由大尺度的三角碎片组成，三角形没有一个统一的指向，如同游戏的开局，以硕大的球杆为原型的金色圆柱雕塑贯通前厅吧台区至三层空间，荒诞地揭开空间的序幕。从前厅可以窥视吧台及舞台的区域。往前走，长条形的三角序列取代了前厅区大尺度的松散的三角形，突然变得方向感十足，空间视野自然而然地延

伸到楼梯至三层入口，节奏感随着空间的递进而愈发密集。进入三层空间，回归大尺度的三角序列，自由松散。以吧台为中心，周边散落着半开放的桌球空间，弧形天花板好像雕塑一般，与空间的基本形态——三角形、圆形形成强烈的冲突，充满戏剧色彩。大厅右边是相对私密的半开放空间。大尺度的吊灯及落地灯试图回应巨型球杆的荒诞。通往三层的楼梯曲折迂回，形成强烈的序列节奏。竖向的光面不锈钢与光影相结合，营造了迷离虚幻的空间感受。到达三层，空间开阔且趋于平和。

项目设计使用大量灰色金属，巨型球杆是力的起点，在力的作用下，用力的语言诠释游戏的属性，力求打造一个充满碎片、暗涌、荒诞等各种戏剧元素的娱乐会所。

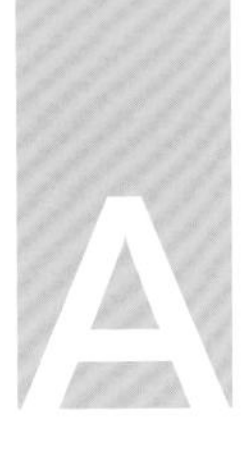

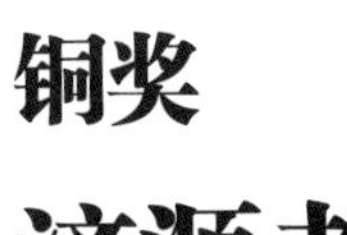

铜奖

济源老兵工酒店

设计单位：上海农道乡村规划设计有限公司

设计主创：宋微建

参与设计：于万斌

该项目的室内设计突破以空间为主角的传统方式，改为从老物件出发，带动整个空间的调性。

大堂入口，由整面弹药箱筑成的墙体充斥着整个空间，吧台的枪灯、地面上的大块迷彩地毯、旧时的文件柜、墙上的老式壁挂电话机和浮着灰尘的老旧吊扇，以及黑色铁链屏风、造型简洁的水泥吧台、金属线条的吧台凳，都以极为低调的姿态将现代的元素与老物品完美融合。

餐厅区包括主餐厅区和老灶台特色餐厅。主餐厅设有一个豪华大包厢、一个中包厢、一个小包厢以及散座区， 豪华包厢里保留了大部分的原始墙面，圆桌上方，一盏玻璃吹制的辣椒灯，2.5 米高，晶莹剔透，与粗糙的墙面形成鲜明的对比，历史与现代的冲撞、沉稳与跃动的交融，打开开关，橘黄色的灯光由内而外散射出来，预示着新生的力量。散座区，弹药箱垒成的半高隔断将走廊空间分隔开，墙面上，兵工厂的老照片向人们叙述着这里的“那些年”。

客房区，客房总共有25间，包括3间套房、2间豪华大床房、8间标间、10间大床房和2间榻榻米房。客房是居住休息的地方，舒适度要大于体验感。墙面以干净的白墙为主，配上实木饰面，地面则采用回收的老木地板，使客人在享受现代化设施的同时不忘增加岁月的积淀。陈设部分以原木配黑色金属、黄铜等极具工业风的材料为主，细节处彰显老兵工的主题。

这个兵工厂曾有过辉煌，也经历了彷徨，多年来一路坎坷，它的新生不能完全摒弃过去，也不能完全复制过去。项目设计运用全新的空间打造方法，将空间重新分散、整合，通过陈设品及材料的表现力，重塑了老兵工厂的空间价值。设计过程中，注重环境与建筑的自然平衡，延续原始建筑的历史记忆与文化，同时将现代设计语汇融入其中，新旧有别，新旧共生。

铜奖

泊舍酒店

设计单位：idG · 意内雅设计
设计主创：朱晓鸣、陈善武
空间摄影：ingallery 丛林
项目面积：1500 平方米
项目地点：安徽黄山屯溪
主要材料：爵士白、意大利灰、木纹水泥板、砚石、黑钛、橡木、硅藻泥、木纹铝合金

泊舍酒店位于黄山市屯溪滨江东路新安江延伸段古村落内，属于百村千栋古民居保护工程项目。建筑主体为前后两栋独立徽式四合院，前厅后院毗邻而居，白墙黑瓦搭配徽派建筑特有的飞檐画栋，安然享受着新安江畔如诗如画之景。前厅为大阜官厅旧址，历经繁华热闹的岁月，沉浸在时光的长河中。

在空间设计上，为了保留建筑现状和历史事件的痕迹，老建筑古老的雕梁、木柱、砖石原封不动，通过片段化、符号化的设计语汇，赋予这座老官厅新的生命，演绎徽州文化从容、精致、闲适的另一面。后院的独立两层四合小院，承担客房功能，在确保空间私密性的前提下，配以休憩的庭院，开阔的视野、静雅的阁楼，可临窗观景，可禅坐品茗。后院共计 15 间客房，每间根据徽剧角色命名，将拥有“京剧之父”之称的徽剧元素融入空间设计。15 间客房因角色、性格的不同，衍生出 15 种设计风格，也是 15 种人生。

官厅正门在不破坏老建筑框架的基础上，采用外置型金属门头，古老的雕梁与木柱、砖与石得以保留，栅格化的设计元素与古老官厅门鼓相映成趣，光影变换的现代玻璃与古门钉和谐共生，时尚与故旧，现代与传统，在这里完美融合。带有现代东方韵味的家具选型，犹如穿越时空的对话。江南风情的油纸伞灯、老旧的木柜、若隐若现的纱帘、灰砖石头地面，每一处都体现了文化的传承，延续着古老的记忆，表达了对古老生活方式的尊重。偶尔出现的纸伞流苏、灯、藏书等中国红跳色，让前厅保持沉稳氛围的同时又不至压抑。

中庭天井承担着采光职能，阳光自天井泻下，透过空中的水纹，洒下斑驳的光影。开放式用餐区位于天井下方，一天四时光影不同，从清晨正午到黄昏日暮，每一餐充满人间烟火味的吃食都融入虚实相接的光影变换中。

包厢为半开放式设计，可推拉式门板让私密空间与开放性空间灵活转换，有风趣幽默、精明干练的三花，稳重肃静的大花，英武又柔荑的刀马。每间客房在建筑材料的使用上也具有连贯性，砖、木、石统一而略有变化，在表达个性的同时，将徽文化、徽建筑的韵味融入其中……“青砖小瓦马头墙，回廊挂落花格窗”，所有梦中出现的美好都在此得以圆满。

项目设计在保留传统的基础上求新求变，旨在创造可观的经济受益和良好的社会效应。整个空间境由心造，景乃天成，而使用者和来访者在其中扮演着重要的角色，形形色色，性格鲜明，对徽剧颇为敬重和喜爱。

希望每位住客在他人眼中扮演的角色是生龙活虎的，再塑下一个刘备、张飞、关羽的相遇。

谧境（生活方式体验馆）

设计单位：CEX 鸿文空间设计有限公司
设计主创：郑展鸿、吴烙岩
参与设计：严伟文
空间摄影：杨耿亮
项目面积：450 平方米

该项目是一个生活体验样板间。甲方和设计师在多次交流和探讨后，确认了项目的风格定位，即呈现一种新的生活方式。

项目地处流经漳州市区的一条支河的沿岸。得天独厚的河畔美景融入室内空间。在空间格局上，尽可能模糊空间的分界线，让每个空间在布局及动线上独立又交融。空间中没有过多华丽的装饰，也未做造价昂贵的设计处理，尽可能利用原有的地理优势和空间的特质来彰显空间特色。大开大合的横向空间布局除了融入河畔美景，也将充足的采光引入室内。原生态的水泥材质因自然光和人造光源的点缀变得更有质感。吊顶的格栅处理把原有很长的空间线拉得更有气势。

项目设计充分利用自然的光影变化。原有的大格局，朴实的材质，雅致的格调，共同营造了一个内外景交融的高品位特色空间。

金奖

杭州多伦多自助餐厅（来福士店）

设计单位：上瑞元筑设计有限公司
设计主创：孙黎明
参与设计：耿顺峰、周怡冰
空间摄影：陈铭
项目面积：890 平方米
项目地点：浙江杭州江干区新业路 252 号
主要材料：新古堡灰石材、镀铜金属板、钢网、六边形马赛克、六边形地砖（深灰、浅灰）、灰色条形砖、锈镜、复合地板、石英石

“山外青山楼外楼，西湖歌舞几时休。”杭州古迹众多，西子湖无疑是杭州的代名词。该项目以西湖的“水元素”为设计主线，将其演绎成“六边形水分子”贯穿整个空间，营造丰富多元、清新明快且充满力量的自助就餐环境。大地色系的色彩氛围、钢网的曲线勾勒、冷峻金属的使用，为亲和饱满的餐饮空间平添了一丝贵族气质，品质感与丰富度造就的混合性格尤其适合小资阶层的口味，这也正好与项目所在基地——来福士的主力目标群（时尚年轻）高度吻合。

“六边形水分子”造型的钢网萦绕在天花板上，用通透轻盈的质感轻轻地诉说水的故事，运用切割的构成方式，形成体块化的岛台设计，多趣味、多形态的调性显著易识，也为取餐动线平添了灵活度，空间里材料的粗、细对比，色彩的深、浅对比，器皿陈设的拙、丽对比，预留了充分的展映余地；锈镜、帷幔、纵向规则的条格、异域风情的吊顶，无不在文化格调上充分迎合小资阶层的审美趣味，清扬雅致下，营造出散淡自由的慢生活情境。自然形成的不同的情境空间，统一的气质中又有微妙的变化，大大丰富了目标客群的多维就餐体验。空间元素丰富多元且生动饱满， 如款型简约且精致的前台、红色丝绒帷幔、六边形纹样窗帘、美食餐饮道具、自然形态剪影、粗粝的墙和实木、马赛克等，每个细节都值得玩味。

银奖

海味观（新海派菜）

设计单位：上瑞元筑设计有限公司
设计主创：范日桥
参与设计：李瑶、朱希
空间摄影：邵峰
设计面积：400 平方米
项目地点：上海静安区康定路 18 号（泰兴路口）
主要材料：水磨石、打印墙纸、镀铜金属件、灰色地板

在怀旧已成为时尚的当下，“海味观”的出现则是一种“水到渠成”，老法租界的历史背景让它多了几分神秘，与其说是一家餐厅，不如说是一个空间体验产品，当下城市精神与 20 世纪 30 年代老上海风貌相融合，追忆曾经的荣光，对黄金岁月摩登时尚与公馆记忆的全新解读，使它成为一部分人内心的情感归宿。

这是一次奏鸣曲式的“提炼化”空间演绎，作为设计师海派系列产品中一个年轻化的 IP，主要针对周边的社区及办公人群，吻合年轻客群的审美趣味以及对新海派的理解；材料选择融合精致的镀铜件、装饰艺术纹样的墙纸、活泼灵动的地砖拼嵌，抽象化的装置美化了空间，在“都市精神”与“传统风貌”之间寻找那份消散无形的记忆，赋予人们强烈的空间归属感，满足了人们的价值追求。

白色营造了自然轻松的就餐情境。细节处，家具、灯具在呈现精简线条的同时，通过铜件的搭配，谱写了“大写”的奢华与高雅；一扇扇屏风式隔断巧妙地拉开了空间层次，抽象的图纹洋溢着浓郁的艺术气息；由老物件改造的立体壁挂让空间多了几分趣味。特别值得一提的是，二层包厢多了几分摩登的质感，在浪漫浅淡的“高级灰”大背景下，格纹拼接单椅的细腻、仙鹤屏风的灵气、背影女郎画的神秘，等等，每个包厢都有不一样的装饰元素，演绎着新海派的现代表情。“海味观”这一新海派餐饮 IP 消解了既往印象中餐饮空间很难掩饰的“火气”，又使装饰艺术的业态风格避开了繁复与堆砌。客人步入其中，在享受味蕾滋养的同时，沉浸在无拘无束的生活美学氛围中。

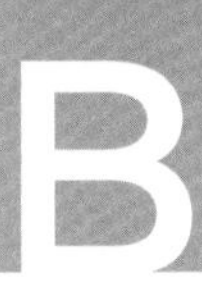

餐饮

银奖

芒果新世（湘潭）

设计单位：厚派建构室内设计有限公司（HOUPAL）
设计主创：江波
空间摄影：朱超
项目面积：222 平方米
项目地点：湖南湘潭
主要材料：直纹白橡木饰面、白色面包砖、木纹砖、 芒果黄墙漆、黑色金属

该项目的消费群体以新一代年轻人为主，在设计理念上围绕年轻人对空间环境的理解与渴望，同时注入自然清新且富有活力的商业气息。

空间设计运用不同的铺装手法，以大面积白色面包砖为基础，黑色天花和界面收口的金属处理，使空间节奏明朗，尤为精致。其中，芒果主题的专属黄更是贴合主题，为空间增添了本该有的记忆模块。

空间设计手法极富趣味。素模背景橱窗的铺展，既确保了功能区的场域精神，又附加了行业的功能属性，结合灯光照明，营造出以小见大的单品展陈氛围。

吧台及收费处设置于平面中央，兼顾了商业中心内部及外部的双向客流，同时缩小了服务半径，便于客主的服务交流，进而提升了空间的整体品位。

FRUIT TEA
PURE FRUIT JUICE

MANGOSIX COFFEE & DESSERT
MANGOSIX COFFEE & DESSERT
MANGSIK

银奖

一尚门 TFD × BANKSIA 餐厅

设计单位：立品设计（Leaping Creative）
设计主创：郑铮
参与设计：姚丁凌、谢伟钿、黄杰宁、陈常
空间摄影：黄早慧
项目面积：150 平方米
项目地点：广东广州花城汇

该项目为原创时尚设计师买手集合店中全新的餐饮业态；餐厅设计既要延续并强调买手集合店的时尚属性，又要向主力消费群体提供独特的就餐体验。设计师从时装设计大师对黑与白及点线面的偏爱中汲取灵感，打造先锋、极简、有格调且不失趣味的餐饮空间。

餐厅狭长的外立面被黑色轮廓线清晰地分隔开来，大招牌以光栅立体画的形式呈现出“门”的开合动态变化，与品牌名称“一尚门”相呼应。

用餐区黑白色块间的利落分界体现了空间的分区；白色空间中点缀着黑色的点线元素：球形吊灯与整齐排布的吊线相映成趣；纯白色的墙面上，黑色细铁丝弯弯曲曲，形成了有趣的时尚格言文本。

另一方面，黑色折面的运用强化了空间结构，白色网格状吧台椅及餐桌在黑色背景中融入了线与面的元素。

拐角区的装置成为空间中的个性隐喻：大大小小的球体飘浮着从门缝中涌出，在促使四周规整的空间扭曲、变形的同时，逐渐融入墙面的黑白色方格中，体现了个体与环境的辩证关系。

在这道门的背后，藏匿着黑白表象之下的平行世界；作为食材主角的鸡蛋仿佛蕴含着无穷的能量，连即将成为盘中餐的煎蛋也不甘平凡，上演了一场“精心谋划”的出逃。装置作为空间中的一大视觉点与记忆点，鼓励客人在美食果腹之余，探索深奥的空间精神，感受荒诞却令人愉悦的意外惊喜。

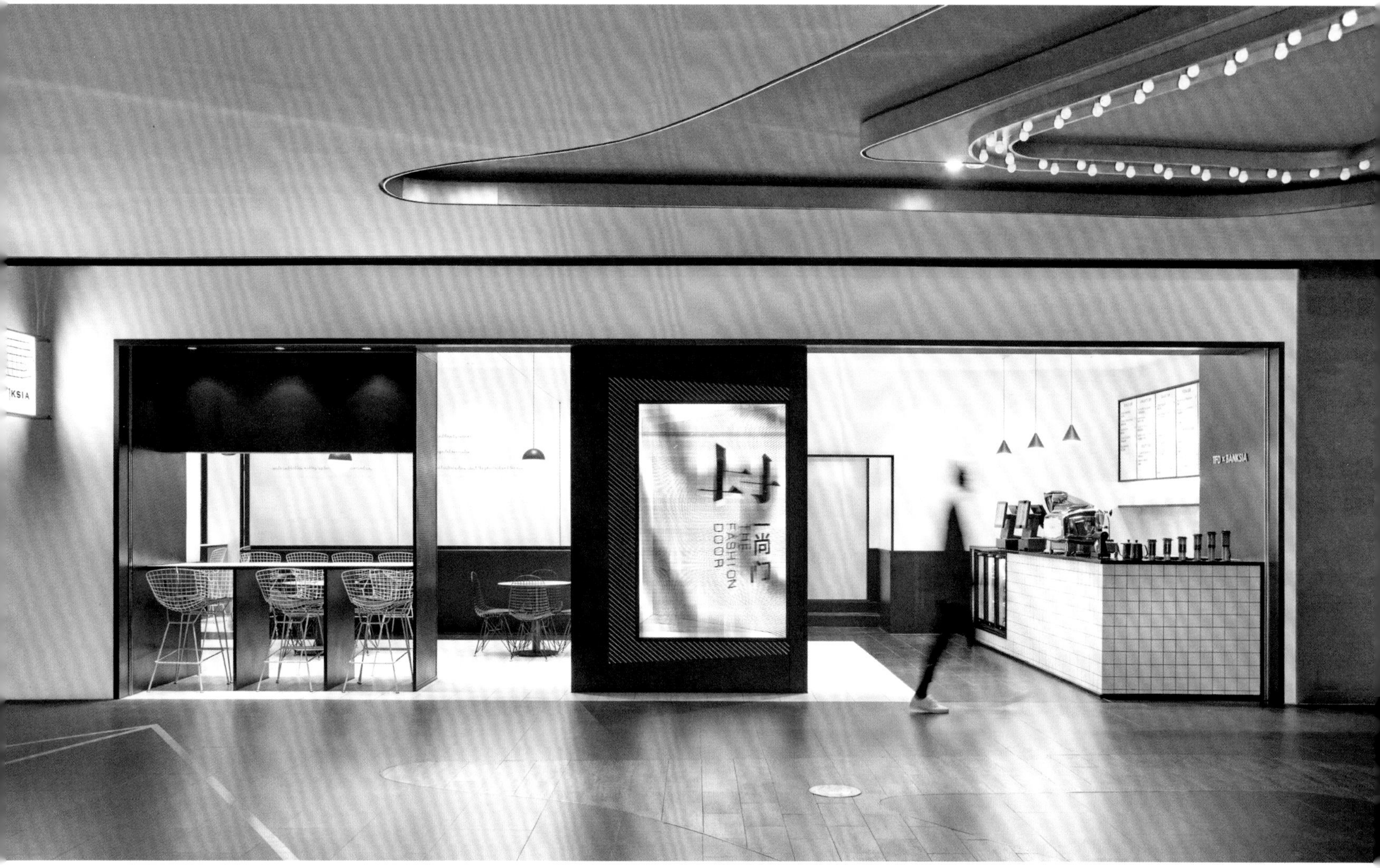

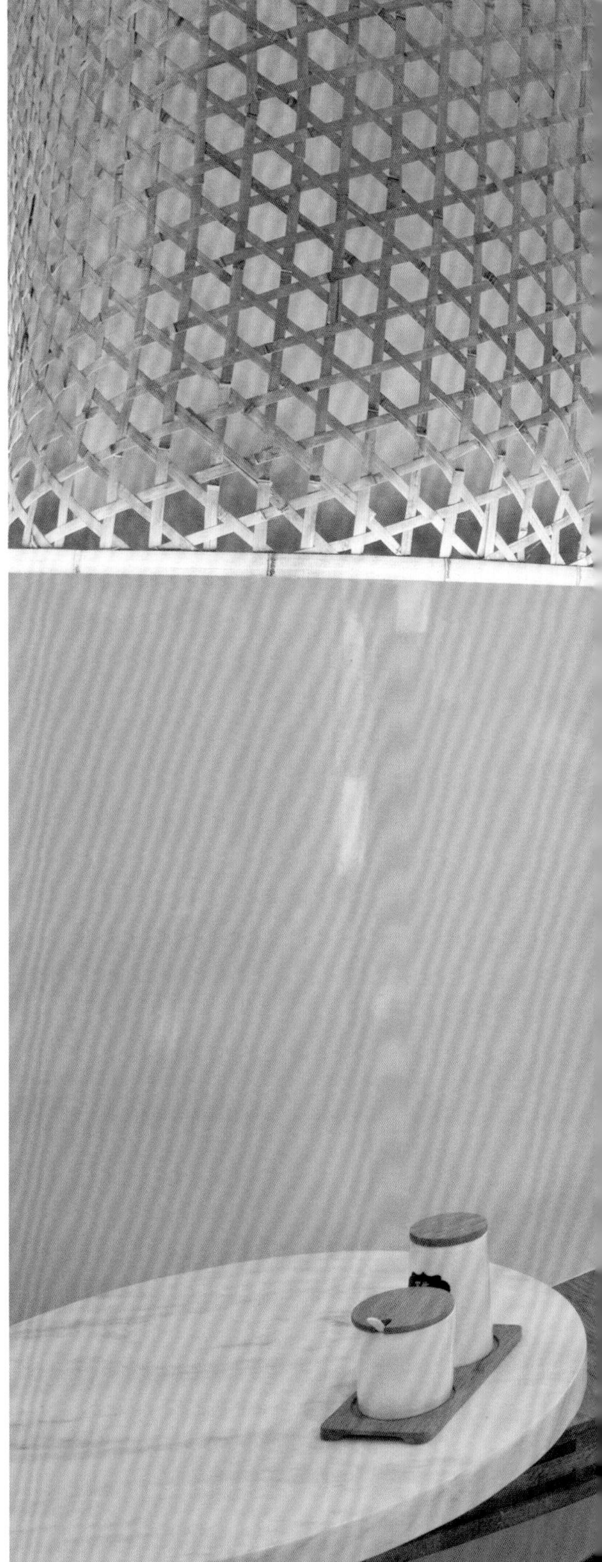

铜奖

汁否

设计单位：福州造美室内设计有限公司
设计主创：李建光、黄桥
设计团队：郑卫锋、李晓芳、林雄圣
空间摄影：吴永常
项目面积：100 平方米
项目地点：福建福州
主要材料：实木板、竹编、仿木纹瓷砖

整个空间以原木和白色为主，营造了轻松、自在的氛围，让客人在忙碌之后，轻松、便捷地享用各种美食。室内上半部分以竹编环绕四周，仰视好像生煎包的“皮包着馅儿”，与该项目的主题相呼应。

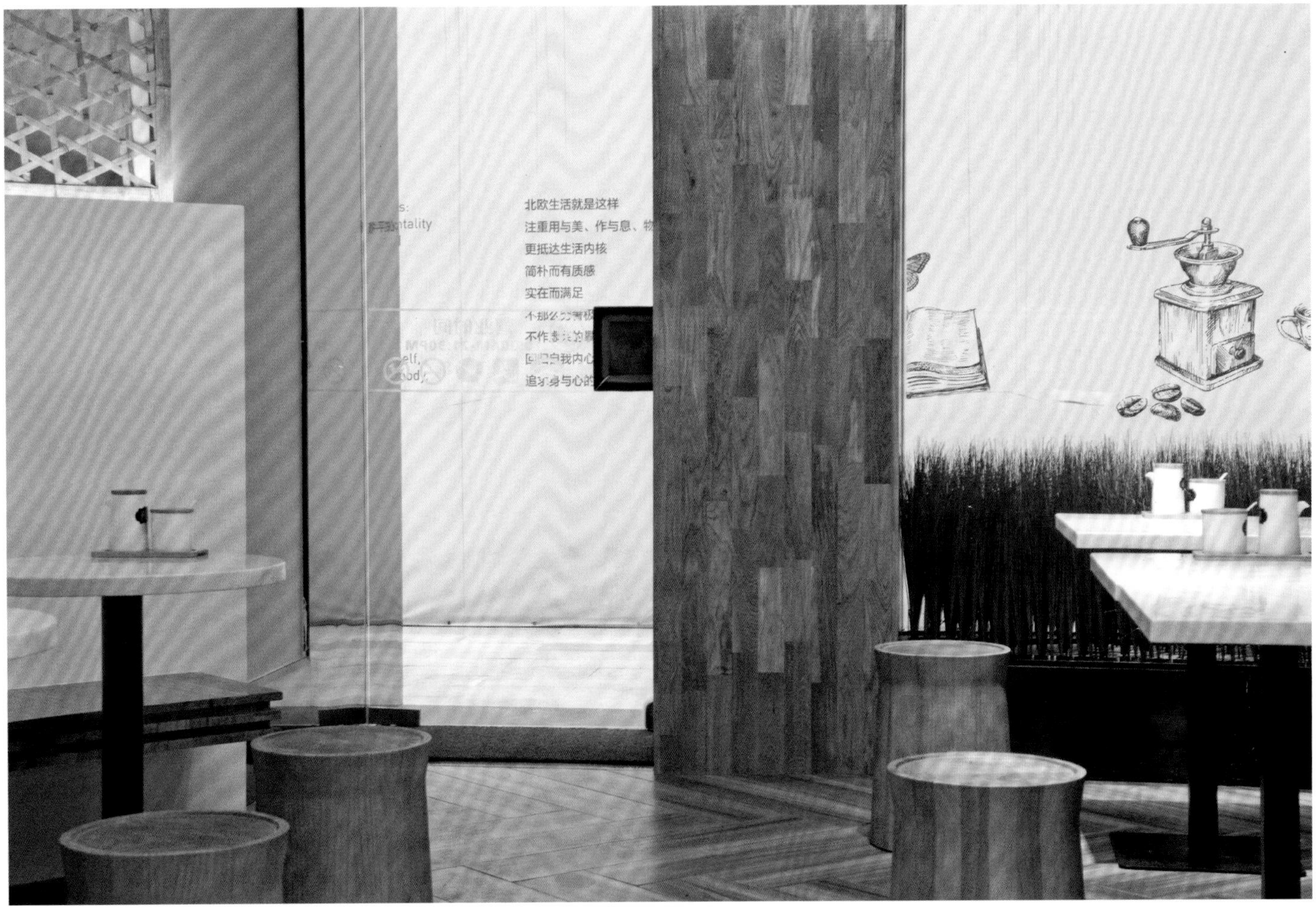
北欧生活就是这样
注重用与美、作与息、
更抵达生活内核
简朴而有质感
实在而满足

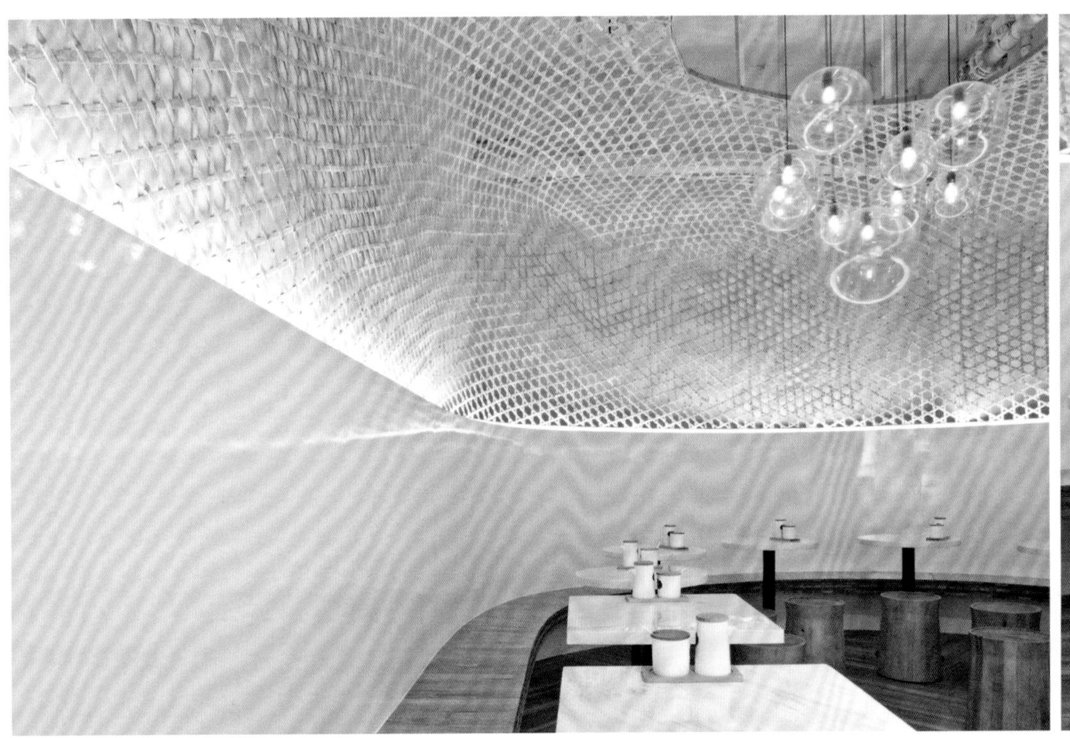

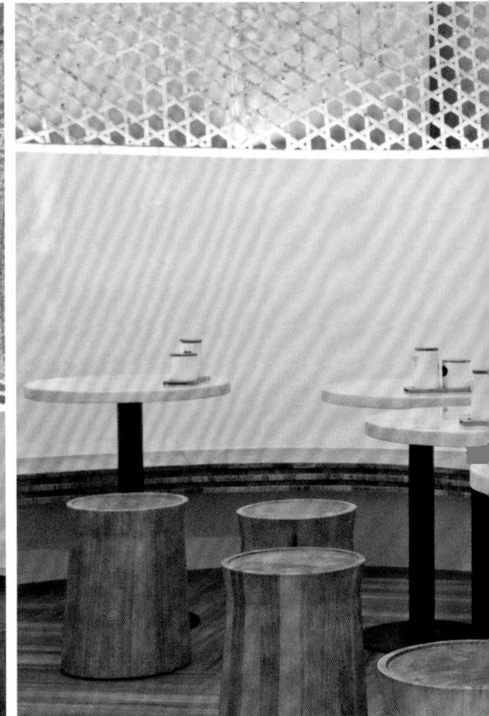

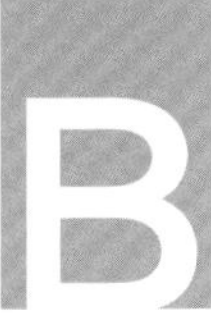

餐饮

铜奖

雀圣冰室

设计单位：徐代恒设计事务所
设计主创：徐代恒
设计团队：周晓薇、吴青青
项目面积：77 平方米
项目地点：广西南宁万象城
主要材料：不锈钢竖杆、陶器、胡桃木

该项目设计沿用传统水墨画中的鸟笼，并采用不同的手法加以体现。鸟笼被抽象成水吧的整体构造，用金色拉丝不锈钢竖杆围合起来，意在，韵在。在整个黑色不锈钢底之上，一横一竖，一撇一捺，笔画被放大了，在墙面上，在天花上，在不锈钢之间，浓墨却并不重彩。

室内的三个 LED 屏幕是一大亮点。播放的视频画面是延续笔画元素的动态演示。水墨的笔画，挥出各种渐变的色彩，浮动在屏幕上，跳跃、感性、明快，带给客人不同的观感。

开敞通透的空间中洋溢着动静结合的笔画元素，让每位客人都能感受到“雀圣冰室”品牌对传统文化的新诠释。

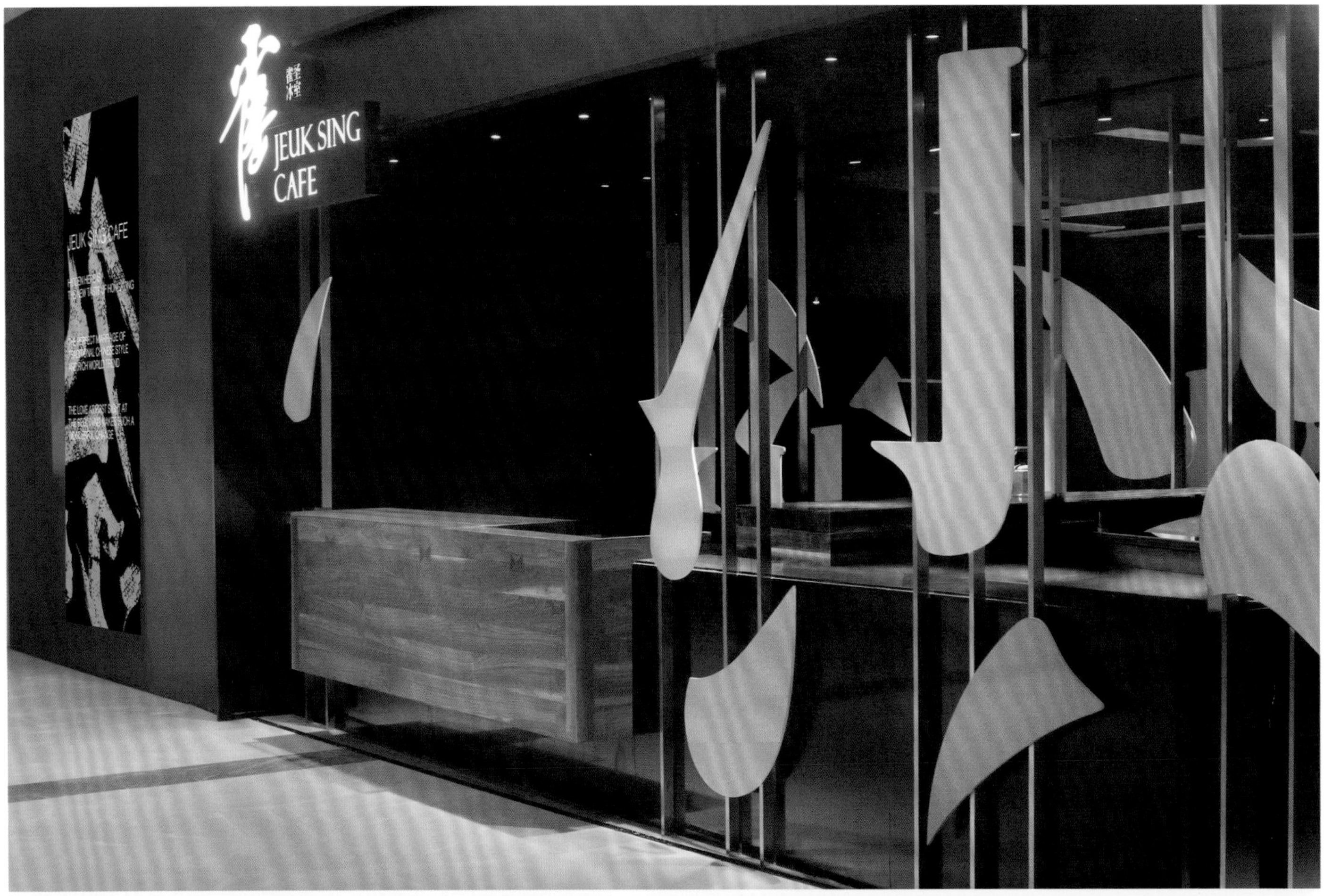

JEUK SING CAFE
AND RICH WORLD TREND

HIDDEN HERE IS THE NEW TASTE OF HONGKONG
THE PERFECT MARRIAGE OF
JEUK SING CAFE
HIDDEN HERE IS
THE NEW TASTE OF HONGKONG
THE PERFECT MARRIAGE OF
TRADITIONAL CHINESE STYLE
AND RICH WORLD TREND
THE LOVE AT FIRST SIGHT AT
THE BEGINNING MAKES SUCH A
WONDERFUL CHANGE

铜奖

臻品小炳胜

设计单位：广州作一室内设计有限公司
设计主创：李杰智
设计团队：曾文君、雷华杰、罗曼、余燕红、吴静泓
空间摄影：肖恩
项目面积：650 平方米
项目地点：广东广州

就美食而言，空间的风格显得毫无意义，在消费市场中提供一个场所，是自我标榜，还是引人遐想？无疑，后者不那么自以为是。因此，设计师在该项目之初确定了空间的风格——时尚、现代。

一次就餐过程实际上就是一场多元感官体验，兴奋指数来源于情理之中却意料之外的刺激。客人在一个“陌生态”的场景中做熟悉的事，以获得丰富多元的空间体验。

金属铝兼具攻击性与保护性，危机感与安全感，无疑是“陌生态”的最佳表达媒介。整个项目被单一的材质包裹、分割，虚实间隔；多层模糊的视觉层层叠加，营造了陌生而有趣的氛围，同时保持着区块之间的联系。区块的体量，由安全感决定。

每块冲孔隔断都是取景框，透着人与事件的剧情，唯独流动的剧情是鲜活的，具象的符号，一旦被你看到了，也就消亡了。

道具光，光是一种道具，用来渲染情绪，永远有温度。

北京 attabj 餐吧

设计单位：上瑞元筑设计有限公司

设计主创：范日桥

参与设计：李瑶

项目面积：273 平方米

项目地点：北京建国门外大街 1 号国贸商城北区 NL3015

attabj 餐吧位于北京建国门外大街 1 号国贸大厦中，是一家极富创意的意大利餐吧，提供一系列全天用餐选择，价格固定的午餐、意大利风格的下午茶、别致的晚餐与夜宵。

attabj 餐吧地处一线地标商业区内，白领聚集在此，可在繁忙的工作之余享受餐吧中宁静的就餐体验。空间造型大气、用材单纯干练、色调沉稳优雅是设计的前提，结合北京城市多元的文化记忆特征，运用错位拼接的艺术手法，呈现城市包容开放的特质属性，营造美好的城市氛围。深夜，attabj 餐吧犹如一只高脚杯，里面盛着色彩斑斓的酒酒，晶莹的冰块在摇摇晃晃的杯中与酒融为一体，一遍一遍地浸染，色彩终在空间中流淌开来，空气里弥漫着微醺的气息。

细节处，设计师运用抽象化、艺术化的手法，在空间中打造了一组装置，透明的亚克力单元体就像酒杯内的冰块，而不断变幻的 LED 灯光就像色彩斑斓的酒，两者交相辉映，形成了梦幻迷离的光影效果。镜面和紫铜在空间中形成了不同程度的反射作用，虚虚实实，层层叠叠，让客人在享用美食与无限遐想中感受真实与想象。

休闲娱乐

铜奖

沐瑜伽

设计单位：一尘一画设计顾问机构
设计主创：左斌
参与设计：刘海波
项目面积：700 平方米
项目地点：安徽合肥
主要材料：铝单板氟碳漆、铜、环氧树脂漆、橡木

破解内心的迷局

世界是一个巨大的容器，用来盛放我们肉体与灵魂。绝大多数的人都面临着同样的生活矛盾：一面用身体迷恋并占有城市的物质繁华；一面用灵魂承受并负重它的浮躁与落寞。在这个容器中，肉体与肉体碰撞，灵魂与灵魂撕扯。电影《后会无期》中有一句台词：听过很多道理，却依然过不好这一生。那些虚无的心灵砒霜，用一种看热闹的姿态俯视着在生活中挣扎的你。身处这个矛盾的容器之中，我们无法用别人的逻辑来借尸还魂，只有回到内心深处自修身灵，才能真正参透自己的真理。空间设计师应当对当代中国国民生活的本质进行彻底的理解和探索，有时会深陷迷惘，但无须同情，而需自我救赎。因此，空间设计应当以一种“反思式”的存在再现矛盾、还原生活。在空间、方法、材料、灯光、情别等层面拆解重现，运用现实的表达手段，没有正面的答案，只有属于每个人的自我解读。

还原矛盾现场，以沉心对喧嚣

在空间设计中，“一人巷”的孤影、瑜伽教室的肉身群斗，VIP室的身份征象、接待大厅的空旷冷寂，井状铁艺装置的点阵藩篱、整体规划的自如收放，茶和书的反思、水果点心的安逸，布艺沙发的松软、水泥和石材的冷硬……一个个情景和元素充满矛盾，还原了现实世界的正向和反向，让每个身处其中的人抽丝剥茧般地解构这个繁杂的世界，以换取灵与肉的共振与思考，在矛盾中寻找自我。

空间设计的现实意义不是解决功能和使用的问题，而是帮助每位使用者实现内心感知的共和。瑜伽是一项独特的运动，通过外在的修和内心的炼，形成与平时完全不同的意识状态，最终目的是放松身心、放飞自我。在某种意义上，瑜伽对空间没有任何特殊要求，可以在任何地方进行。因此，该项目摆脱了传统瑜伽馆的设计桎梏，打造了一个很矛盾、很现实、很不像瑜伽馆的瑜伽馆，体现了瑜伽的真意，满足了消费者的真实需求，这恰恰是该项目的设计意图。

铜奖

I-box 影吧

设计单位：上海品匀室内设计工程有限公司
设计主创：郑凯元
项目面积：1000 平方米
项目地点：浙江台州黄岩区引泉路 188 号
主要材料：原木条、复古砖、金属、水泥艺术漆、木地板、夹胶玻璃、防腐木

该项目位于台州书城顶层，由室内观影区和户外静吧两部分组成。层高优势与高低起伏的空间相结合，把每个区块联系起来，像一首古典乐，一开始节奏比较平缓，随后调子渐渐激昂，中途高低变化，最后平缓地收尾。

空间设计强调界面中平行线的运用，利用不同尺寸和间距的平行线，营造视觉的层次感并丰富界面的表现力。电梯厅层高结合竖向木线条的设计，使客人从电梯出来就惊喜连连；大厅垂直空间利用木条和地板两种材质来加强对比效果，同时丰富界面的层次；二层阁楼落地玻璃隔断对着星空吊顶，把大厅和隔层串联起来；露台防腐木平行的阵列形式增强了空间的表现力；空间层高最高处，玻璃星空吊灯作为点缀，象征着空间的高潮所在。

零售商业

金奖

FORUS VISION

设计单位：福州国广一叶建筑装饰设计工程有限公司
设计主创：李超
参与设计：朱毅

设计师巧妙运用婚纱随风飘逸时呈现的流动曲线，以自然柔和的原木色调加以呈现，就像一对即将步入婚姻殿堂的新人，温馨而美好。

在新郎掀起新娘头纱亲吻的那一瞬间，摄影师按下快门，记录幸福，而正是这一幕，给设计师带来无限的灵感。飘逸灵动的头纱，转化为流畅的线条；层层叠叠的婚纱，运用于室内结构中，结合空间的廓形变化和材质变化，营造出律动柔美且自然流畅的视觉感受。

空间构成主要采用浅色实木和不锈钢材质这两种元素，运用简洁、朴实的设计语汇，勾勒出各种美丽的元素，置身其中，仿佛可以感受到蕾丝薄纱的轻盈浪漫，更有温暖舒适的安全感。

光与线、线与面在空间中相互叠加、交错，空间的灵动在平衡与失衡之间被组合结构，进而重新定义。新人们在这里用影像记录幸福的瞬间，也在这里携手爱人，带着对美好生活的期待，一起奔向人生的下一段旅程。

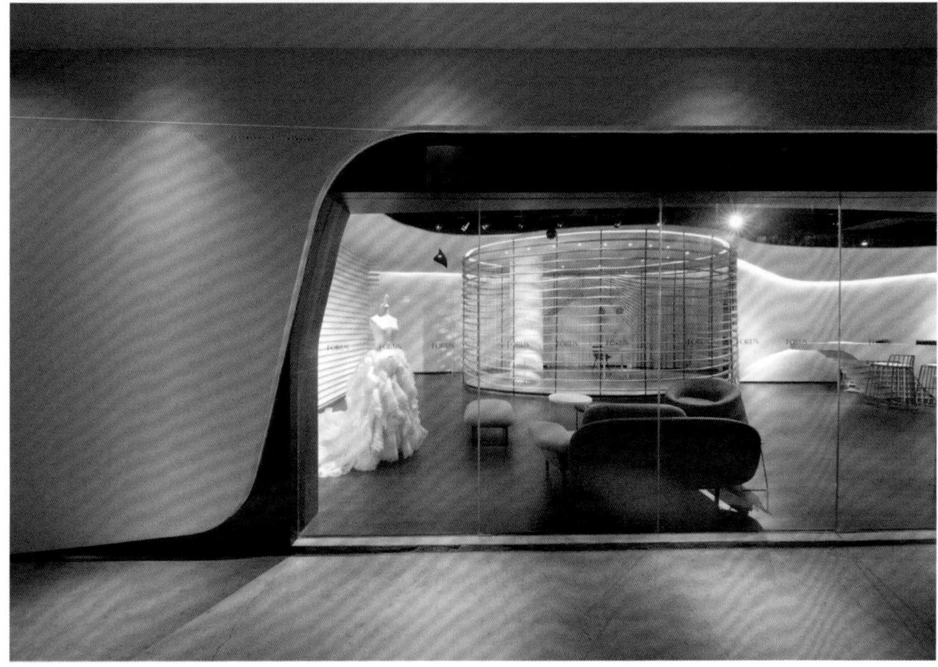

银奖

MINZE-STYLE 名师汇

设计单位：共和时代 / 华伍德设计中心
设计主创：何华武
参与设计：刘任玉、肖达达
空间摄影：吴永长
项目面积：1200 平方米
项目地点：福建福州
主要材料：素水泥、钢板、金属网

MINZE-STYLE 一直是中国时尚潮女装行业的领先品牌，继承意大利时尚传统魅力设计风格，结合东方大都市女性的形体美及世界各地不同的流行元素。MINZE-STYLE 时尚女装凸显大都市国际化品质和中西兼容的文化格调，个性而不张扬，时尚传承经典，经典与灵魂结合。

MINZE-STYLE 品牌集合店位于中心公园旁边，这里以前是一栋封闭的建筑。设计师结合现场周边的绿色环境，设想“让建筑在这里消失”，向客人展示最原始、最自然的状态。什么是墙？什么是表皮？什么是透明？这些问题可能影响观察者与使用者的感官与感知能力。设计师尊重世界的物质性与感知的多元性，只有凸显物质性，才能展现空间艺术的特质。

室内空间力求呈现一种原始野性的魅力，采用钢制的表皮，营造真实的空间氛围。这种“直白”式的架构材料直接且朴素，加上大尺度的钢板，使整个空间与原有场地形成了一种时间与空间的接续关系。利用“拱”多变的特性，打造不同的空间，打破均质的体验。这是一个回忆的过程，再一次将建筑的体量与空间进行对话，越是简单的形体逻辑，越能给人留下深刻的印象。弧拱的柔和曲线呈现出不同角度的美感；连续的曲线把空间围合起来，内部和外部保持连续，使空间不拘泥于常规，探索传统空间的新秩序。“拱”在传统建筑中扮演重要的角色，并在漫长的历史中不断丰富。空间设计力求对传统“拱”，让“拱”进行转化在均质呆板的现代空间中形成新的突破，获得能量并转化为空间秩序。弧拱与空间一、二层相连，形成了有趣的空间状态，吸引客人前往体验。

与常规服装店的陈列理念不同，新的店铺理念强调建筑化的零售模式。纤细的木屏风结合货架矗立在边界处，将空间设计和室内饰面渲染得更加丰富多元。建筑元素凸显材质原始的质感，烘托服装的品质，这种手法为整个店铺营造了纯粹的氛围，隐喻品牌的精神。天井楼梯形成了不同的光影效果，时间与空间在此对话。不同的“拱”垂直交叠，在垂直空间中提供了不同的空间体验，并营造了强烈的视觉效果。空间设计满足商业需求，采用模块式设计，以便赋予品牌陈列理念最大限度的灵活性。

名师汇

零售商业

银奖

MGS 曼古银零售空间

设计单位：立品设计
主创设计：郑铮
空间设计：林婕、黄杰宁
视觉设计：陈策御（Evan）、黄杰宁
空间摄影：黄早慧
项目面积：35 平方米
项目地点：广东广州白云凯德

该项目从品牌视觉形象入手，以“都市中的丛林冒险”为设计理念，将其延续至店面空间及产品陈列系统，为消费者提供全方位的立体体验。

设计的重点在于运用契合时尚潮流的设计手法，延续并强调品牌特性，挖掘品牌基因中的记忆点，并使其满足新一代女性消费者的审美需求。品牌产品强调手工印记，不对材料做特殊处理，保留银饰的原生态质感。受此启发，墙面使用灰色肌理漆，并以木质墙裙及金属收边为点缀，地面与展柜则采用自然的水泥及水磨石材质，营造天然、粗粝又不失精致感的空间调性，与产品相呼应。

设计师为品牌的全新视觉形象融入了写实风格的插画元素，描绘东南亚热带丛林独特的生态环境与丰富的物种，试图为消费者的都市日常生活融入身临其境的丛林冒险体验。

插画元素借助定制彩砖运用于设计中，巧妙地为空间注入自然气息，有意强调品牌属地及特性，成为店面中的视觉惊喜与记忆点。

店面中的产品陈列系统及道具同样予以重新设计，兼具品牌特性及品质感，从消费者接触点的细节处强化品牌印记。在传统珠宝店用于产品陈列的橱窗区域设置工匠区，展示制作银饰所用的精密工具及工匠的日常工作状态，让消费者在购物时有机会看到手工饰品的创作过程，在与工匠的互动中获得完整、立体的品牌体验。

MGSS

铜奖

溶合

设计单位：物上空间设计
设计主创：张建武
参与设计：张建武、蔡天保、许振良
空间摄影：刘腾飞
项目面积：450 平方米
项目地点：福建莆田正荣财富广场步行街
主要材料：金晶超白玻、香槟金不锈钢、金属烤漆面板、钢板拉伸网、金刚砂水泥地面、水泥漆

美发，作为一种时尚美学的产业，与其他时尚产业有着千丝万缕的联系。

该项目从设计概念立意之初就一直朝着“溶合”的方向展开构想。“溶合”非融合，“溶合”是更深层次的融合，即把各时尚产业的精髓溶解并合并在一起，不娇柔、不做作，自然地流淌在同一个空间内，并以厚重与轻盈、粗犷与细腻、狭小与宽阔这种对比鲜明的设计主旋律贯穿空间内外；在不同的功能空间中，营造不一样的视觉感受，从而产生全新的空间美学。

香槟金属富有强烈的时尚感，水泥尽显工业粗拙的原始质感，蒂芙尼蓝用于调和空间冰冷的色调，经过提炼出来的这三种截然不同的材质元素演绎着现代时尚的美发空间。

形象门面巧妙地保留原建筑粗犷的火烧面花岗石表面，使用超白玻璃、香槟金不锈钢等细腻的现代材料，形成强烈的对比，并把入口安置在一个巨大的金属盒子里；在摒弃传统美发店三色旋转柱标识的同时，挑空区那片发丝般飘逸的阵列灯泡，柔化了硬朗的外观，让空间变得立体而充满动感，用强烈的视觉感受体现美发行业的属性。

狭窄的入口走廊源自服装 T 台，由香槟金不锈钢包裹，地面的光带散发至金属板的表面，形成了梦幻科技般的光影，搭配走廊上无限播放的时尚秀场画面和音乐，心情随之澎湃起来；沿着 T 台，走到那抹指引动线的蒂芙尼蓝极简收银台，转角进入淳朴的休息区空间，大有桃花源般豁然开朗之感。连接各区域的吊顶用钢板拉伸网材料将天棚管道线路盖住，既延续了粗犷的质感，又流露出对细节的细腻处理。

歌剧舞台的贵宾区，用一个体态鲜明的L形金属体块进行分隔，粗犷的水泥台阶、黑色的钢吊工业楼梯、淳朴的树枝陶瓶装饰、通透的蒂芙尼蓝玻璃隔断，各种元素组合在一起，颇有舞台场景的画面感。与之相邻的蒂芙尼蓝盒子中间用一条光带切割出空间的界限，独立又极富雕塑感。同时，美发区又回归原始淳朴的空间感，旨在让专业回归本源，安静专心地做一个属于自己的发型。

零售商业

铜奖

中粮 · 鸿云销售中心

设计单位：四川中英致造设计事务所
设计主创：赵绯
参与设计：肖春
项目地点：重庆
项目面积：1100 平方米

城亦如人，每座城给人刚烈或温婉、大气、悠闲的印象与记忆。山为重庆之魂，让这城立体、挺拔，壮美、激情、璀璨、时尚是它给世人的深刻印象。

设计师以山为切入点，用山的不同视觉景象与城市建筑剪影展现山城的特点，并以此为空间造势。通过灯光与材质的搭配，尽显繁华、宁静、高端的气质，让自然与科技在此共生。更重要的是，以一种抽象的方式引入生活场景，引导客人进行感性的想象与思考，发现所处环境的美好与趣味，体味生活之美。

色彩搭配上，以多明度灰色与多彩度棕色系为空间主调，配以橄榄绿与金色，呈现出自然宁静且华丽丰富的多种色彩。

零售商业

铜奖

亚新·美好香颂销售体验中心

设计团队：筑详设计机构
设计主创：刘丽、孟祥凯
参与设计： 宁静、闵华
空间摄影：如初摄影工作室
项目面积：540 平方米
主要材料：绢布印染、米白色刺绣壁布、铜色金属板、染色秋香木、（白、灰）岗石、竹林

老子“大音希声，大象无形”的哲学思想影响深远；中国美学崇尚“虽由人作，宛若天成”的自然之美，它亦是东方贵族精神的核心。

该项目地理位置优越，位于主城区的边界处，堪称城市快节奏中的客群所向往的梦想之所。为了确保更具互动性的空间体验，设计师在体验空间与管理空间中嵌入竹林景观，以便客人在两个区域内都能最大限度地与自然景观互动。同时，在三维的空间与两维的立面中截取自然片段，看似有形，又似无形，渲染虚白纯净的一方自然，唤醒隐藏在内心深处的所想与所向，体察内心向往的梦想之象。

取自大地色系的材质及色彩呈现出自

然单纯的空间特质，每个场景设定都凸显细节品质对体验者行为及情感的关照，在大面积虚白与自然氛围的衬托下，整个空间尽显低姿态的自信。艺术家瞿广慈极具文人情怀的艺术作品点缀其间，提升了空间的品位；飘逸空灵的空间促使客人在此进行无限美好的期盼与憧憬。

亚新·美好香颂

办公

金奖

创意孵化基地

设计单位：纬图设计有限公司
设计主创：赵睿
设计团队：黄志彬、刘军、刘方圆、罗琼、伍启雕、袁乐、何静韵、吴再熙
空间摄影：张恒、伍启雕
文案记录：张爱玲
项目面积：4200 平方米
项目地点：上海
主要材料：灯膜、钢材、玻璃、乳胶漆、俄罗斯松木

创意孵化基地，是上海世博会留下来的临时建筑，这些年里，也换了好几个业主，他们对建筑物的室内都进行了不同程度的改造，所以最终留下来的内部结构相对比较复杂。甲方希望做一个公益性的项目，免费提供给设计师用于办公并进行家具的展示等。

在接受设计任务之前，结构改造已经开始了，工地现场的内部球形网架及错综复杂的裸露钢结构令人震撼。在多次结构改造后，原有的结构框架已变得十分混乱，但没想到，这无意的混乱，却透着一种能瞬间打动人的天然力度和美感。因此，保留并将原有球形网架的钢结构显露出来，延伸原有钢结构的穿插痕迹同，就成为整体设计的基本方向和手法要求。为了表现这种凌乱之美，设计中特意没有避开墙体与原结构硬撞的痕迹，而是让其像雕塑一样存在于墙体上，形成一个立体的画面。

另外，原有的建筑是单层膜结构，整个室内空间的能源损耗很大，为了节省能源，同时将现场球形网架的气势和裸露结构的美感保留下来，设计师与材料供应商协商后，在室内多加了一层透明膜。

透过膜结构，自然光照进整个室内。在主色调上，选用比较浅的灰白色和原木色组合，让人第一感觉很轻松，也很符合空间的多变性，例如在举办活动或展示家具时经常改变平面布置，干净柔和的浅色调就可以更容易实现。

在这个公益性的项目里，应该有一个很大的公共活动区域，用于举办活动、交流会、酒会、发布会、演讲会等，所以功能分区设置了办公室、公共区、产品展示区、会议室、咖啡厅等。由此，空间的活跃度很好，空间之间也能对话。为了打破常规办公楼的局促感和紧张的气氛，室内还种植了很多植物，设置了多重楼梯，人在空间里可以自由走动。

办公

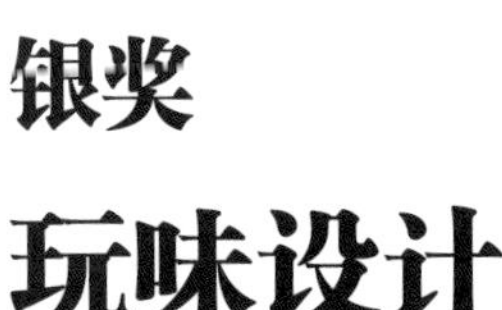

银奖

玩味设计

设计单位：择木创建室内设计有限公司
设计主创：择木创建团队
项目面积：350 平方米
项目地点：福建福州
主要材料：枫木、草宣纸、地坪漆

在现代社会，消费成为社会生活和生产的主导动力和目标。商业化推动下应运而生的设计行业，常常借着创意的名义，生产（创造）出各种光怪陆离的材质和形态，形成一种可被快速复制和消费的美学系统。然而，这种商业化的运作模式实际上却带着资本的“原罪”，挥霍无度、杂乱无序、重复的大规模生产造成了自然资源的大量消耗和浪费。

设计之美，不在于商业领域所定义的标准，而在于在尊重自然环境并满足人的内心需求之间的微妙平衡。敬自然，所以得永续；明心性，所以得愉怡。深信于此的设计师在自己的办公室设计中，懂取舍，知进退，不哗众取宠，却触动人心。

“胜日寻芳泗水滨，无边光景一时新”，矗立于闽江边畔，双面环江的视野是打动设计师并让其最终决定选址于此的原因。“闽江对福州人来说，既是最熟悉的自然事物，也是最亲切的文化符号，每当工作之余看它潮起潮落，都可以感受到一种巨大的鼓舞。”设计师说道。

设计在开合有序的叙述中徐徐展开。先抑后扬的空间节奏构建了强烈的仪式感，让观者充分理解和感受“设计中的设计”，随着自然江景的引入，空间进入“设计与生活”另一维度的探索，旋即变得舒展放松。

门口紧闭的电动木拉门混搭后现代个性化的金属球，既营造了安静的办公环境，又以一种戏谑而深刻的方式阐释了“设计是一个观照内心的过程”。随着推拉门的开启，观者进入一条窄长的通道。通道一端是繁枝扩散的灯光装置，展示了向上生长的力量；另一端是一个透出光来的小洞，恰似路标，引人遐思，点燃希望。

如果说“小道”是精心设置的故事铺垫，那么正文的场景则是水到渠成的情节安排。空间流线分明，穿过小道，左转是中岛吧台，右转则可见员工办公区和左右两侧的独立办公区。基于人性化的办公理念，员工办公区占据最佳的观景位置。无论董事办公室中用于办公和喝茶的桌子，还是员工办公区窗边的书架和软沙发，都营造出轻松休闲的办公氛围。

材质的功能与表达是设计功力深浅的另一重要体现。浅色木材和草宣纸的巧妙应用，在有效节省成本之余，极大地丰富空间的人文气质和文化气息。除了建筑结构墙，空间各功能空间的区隔全部由亚克力板糊上宣纸的双隔层墙体完成。隔层中间隐藏式的灯光透过宣纸变得温暖柔和，原本分布在浅黄色宣纸上的细腻纹理展示着人文魅力，层次分明，令中岛吧台和走道成为一个意境表达的存在。

最后，何为设计？对这个设计之初就争论不休的问题，设计师以不经意的方式做了回答。公共区部分天花板特意裸露出质朴的水泥材质，茶室的实体墙保留了原始的砖土结构，设计师借助直白的对比和反差效果，传达出“以克制、理性的态度营造美好生活体验”的设计理念。

办公

银奖

上海一融中山万博广场办公室

设计单位：煦石室内设计有限公司、上海一融设计咨询有限公司
设计主创：汪俊辉
参与设计：孙李
项目面积：308 平方米
项目地点：上海中山万博广场
主要材料：瓷砖、金属冲孔板、拉丝不锈钢

一融是一个中国领先的品牌策划设计公司，位于上海中心商区。

这是空间设计师和平面及品牌策划公司合作的一个典型项目，空间设计主要考量的问题是：如何在不浪费社会资源的情况下，充分利用平面符号和空间结构，在空间里塑造并展示品牌的时尚气质和自由氛围。

入口处整面的荣誉墙展示了品牌在专业领域获得的成就与认可，红点、iF 等国际设计大奖主入口给访客最直观的印象，纯白色的空间便于平面设计师最大限度地发挥创造力。各种各样的平面设计符号及文字彰显出时尚品牌设计公司及其创始人的气质与品位——自由，开放，包容。

平面规划上，只保留的一间独立办公室，作为业主私密且安静的工作空间，单独的摄影室是功能必需。其他所有空间都是开放的，会议室用窗帘加以分隔，营造了公平自由的工作环境。对创意型公司来说，随时保持工作上的沟通交流与自由组合是必要的。时尚，简单，自由，包容，是设计团队希望呈现给访客的最直观感受。

办公

LAVA MUSIC 办公空间

设计单位：广州市意作方东装饰设计有限公司
设计主创：张志锋、刘晶
项目面积：400 平方米
项目地点：广东广州越秀区东风西路
主要材料：清水混凝土、白色乳胶漆、水磨石金刚砂

该项目位于历史悠久的广州老区，属于旧建筑改造类型。原建筑为已有 15 年的历史，本次设计改造将为其增加新的功能，注入新的活力，为 LAVA MUSIC（拿火音乐）的研发基地提供一个特别的场所。

改造手法主要有三个方面：其一，改变原建筑的材质与颜色，使建筑的整体质感达到统一；其二，改变开窗方式，将过于原本规整的外立面窗根据使用功能的需要调整为不规则的落地窗，突出错落感；其三，调整空间建墙隔断，打造独立的小盒子空间，嵌入通透的大盒子空间，增加空间的趣味性。

安静素雅的材料加上现代感十足的大型落地玻璃窗，拒绝虚假的粉饰与装饰。灯光布置注重局部照明，勾勒出空间中的形体感，使空间并不枯燥直白。落成后的空间能为客人提供良好的设计体验，同时实现商业价值，这体现了该项目的设计宗旨和设计师的执着追求。

LAVA MUSIC

铜奖

中祈地产办公室

设计单位：星艺 - 谭立予工作室
设计主创：谭立予
参与设计：张林
空间摄影：谭立予
项目面积：500 平方米
项目地点：广东广州
主要材料：白漆、木皮、水磨石、钢板

让人与人之间的沟通变得更高效是项目要解决的问题之一。空间设计重点探索建筑流线的运动体验，各职能部门的空间形式与连接方式，人们经过不同空间时连续的内心感知，以及光线与视野的穿透所带来的趣味。打造这个地产公司的办公室，就像打造一座城市，城市里的道路、建筑物、窗口、台阶、阁楼、桥梁以及路灯都一一转换成室内的功能与形式。

办公

铜奖

励时公司办公空间

设计单位：河南励时装饰设计工程有限公司
设计主创：钟凌云
设计团队：郭总超、芦洋、贺阳、李永强

通透的格局与纯净的配色，以共同的设计语汇构筑空间形态；光影与材质的叠合，将空间块体做线性分割。在理性的线条下，融入些许偏暖的色块，空间的视觉张力得以延伸。

空间减法的设计初衷体现在简约的整体风格上，如兼具会议功能的阅读区与餐台以踏步错落分隔，拓展空间维度。办公空间内并无严格的功能分区，每处空间均可成为创意交流、碰撞的场所。

MEETING

金奖

盘小宝影视体验馆

设计单位：水木言设计机构
设计主创：梁宁健
设计团队：金雪鹏、周剑锣、杨凌
空间摄影：廖鲁
项目面积：730 平方米
项目地点：湖南长沙铭商业街 A 座 102 号
主要材料：橡木、仿大理石砖、木纹砖、亚克力

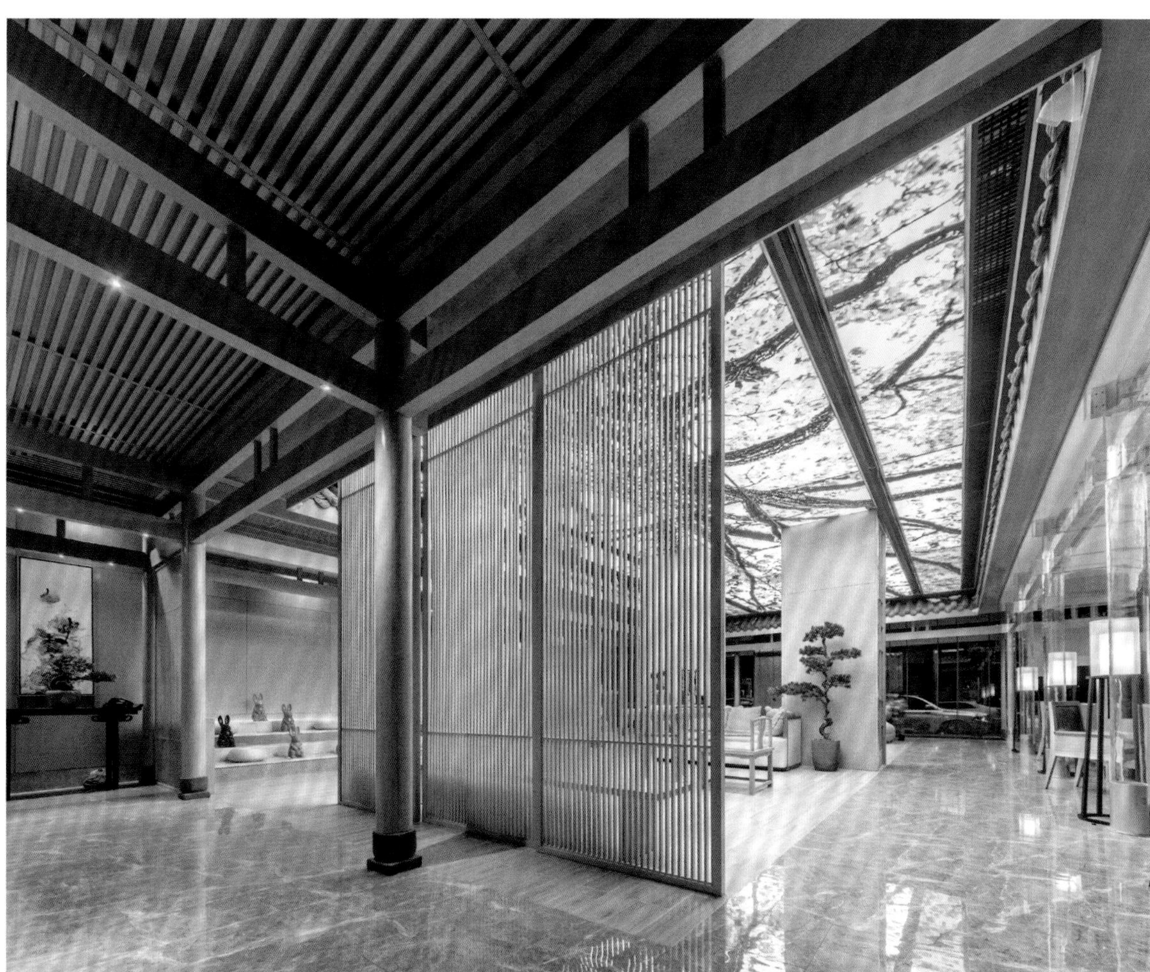

该项目是一个影视基地，孩子们在此体验中国古典文化故事的微电影拍摄。对长沙及国内很多地方的儿童空间来说，五颜六色和城堡造型似乎是建筑和室内空间的代言。盘小宝品牌方提议，空间设计在继承中式风格庄重、典雅、符合礼制的同时，运用创新的文化元素，构建接近孩子天性的场所表达。

橘色的拱门入口既有中国古典的城门符号，又有孩子喜欢的创意元素。进入前厅，四周是橡木柱廊围绕和隔栅屏风的内院场景，空中是光影婆娑的树叶造型灯具，极富趣味和视觉冲击力的红色小狗艺术装置夺人眼目。

中厅区是围合的四合院布局，在此可进行洽谈、国学讲座等，孩子们坐在木质台阶上听课，台阶背面是绿植环绕和静态水池，庭院空中是发光软膜天花和丝印大树图案，黑白和彩色的图案寓意着成长和回忆，尽量淡化中式空间的厚重与端庄，带给孩子们自由随性和接近大自然的感受。

在四合院的洽谈区中，传统中式长廊由透明亚克力材料制成，长 12 米，宽 3 米，高 3.5 米。该设计一是对中式元素的创新表达，在四周古典长廊的包裹下，亚克力长廊焕发着新的生命力；二是通过透明纯净的材料来彰显孩子的天真和纯洁。

因为亚克力厂家没有此种类型项目的供应经验，且材料定制的造价很高，所以设计师邀请中国美院雕塑系的教授共同从材料属性、安全度、重量、造价、小样模型及 3D 模型等方面进行尝试，这期间克服种种困难，最终成型安装得以呈现。

文化展览

银奖

V2 馆

设计单位：纬图设计有限公司
设计主创：赵睿
设计团队：刘方圆、何静韵、黄志彬
空间摄影：吴辉
文案记录：张爱玲
项目面积：80 平方米
项目地点：上海
主要材料：不锈钢、白色广告网

这是 2017 年上海“酒店及商业空间工程与设计展”中一个 80 平方米的展馆设计项目。主办方邀请了 21 家酒店管理集团及设计公司，要求在指定的区域里搭建一个样板房的模拟空间。经过场地考查，结合用途、时间，设计师为该项目设计确定的原则是：轻松、自由、舒适、高效。

首先，考虑到展会时间只有三天，空间布置应该满足迅速布展、及时拆卸的要求，在资金投入上不适合做大的预算，因此，设计师特意选用可回收、可拆装且相对廉价的建筑材料。

同时，考虑到展会上人流比较密集，设计师最终选择以半透明广告网格布和钢结构共同搭建房子外立面。半透明的封闭空间能有效地分散展会上密集的人群，使杂乱的大环境变成相对安静有序的小环境，同时室内与室外的人不会完全隔离，还可以感受到彼此的存在，静中有动，既轻松中又紧张。

在具体的空间内，设计师设置了一个

带有凹凸质感的泡沫大球体，与悬浮在半空中的小鸟共同营造了黑白对比、动静互应之感。一张柔软的床，一张舒适的办公桌，一张漂亮的沙发，一个纯白的环境，干练中透着舒适，极简中透着精致，每个角落都隐藏着供人发现的画面感。

随着时间的推移，室内光线不断变化时，空间感受发生相应的变化。尤其是中午时分，强烈的光线通过半透明广告网格布的过滤，射入房间，立刻变得柔和起来。房间里的人能隐约看到外面走动的，外面的人也能模糊看到房间内的变化。这样的环境令人倍感舒适且带给人些许安全感。

三天的展会如昙花一现，设计师要做的，就是为每个远道而来的客人集中提供一个可参观、可约谈、可工作、可休憩的地方，并兼顾资金和人力成本，让短短的三天展会最大限度地发挥作用，并力求让“美”的感觉在大家的记忆里留下印迹。

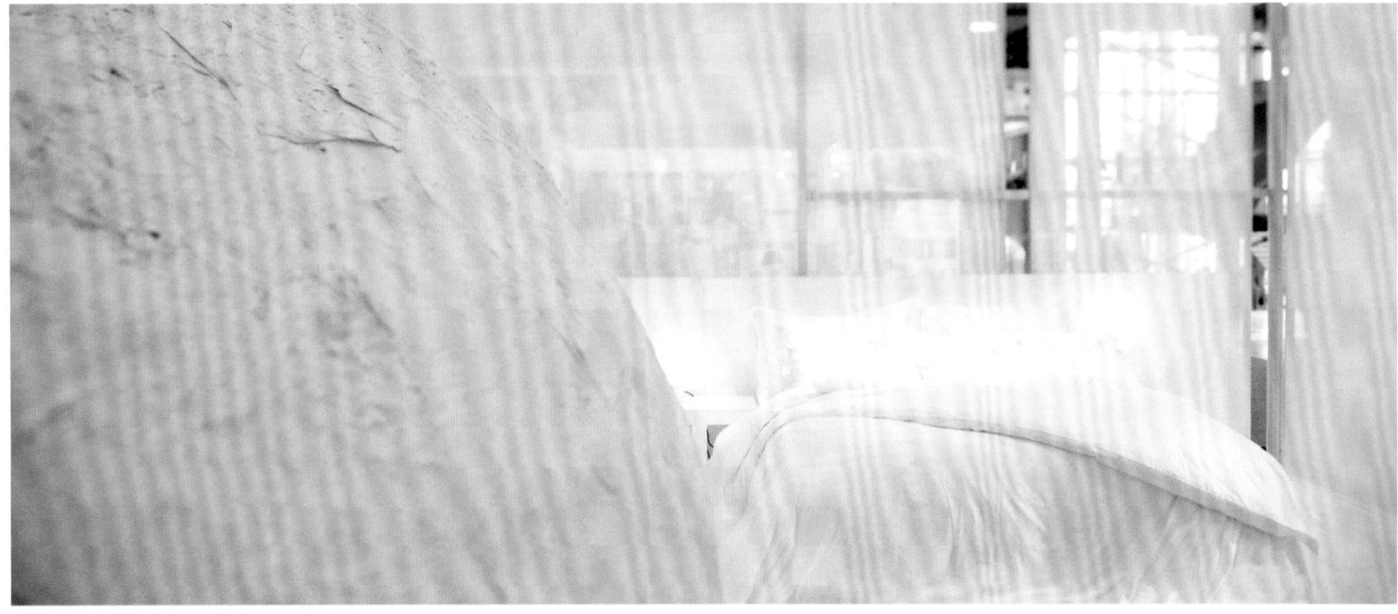

铜奖

叙品大会场

设计单位：叙品空间设计有限公司
设计主创：蒋国兴
设计团队：李海洋、王庆、单富彬、钟建敏、孙小雅、冉俏
文字整理：王娟
项目地点：江苏昆山花桥
主要材料：黑色亮光面地砖、瓦片、旧木板、干细竹、黑色金属管

踱步于悠深长廊的转弯处，右边的叙品小屋酒影灯舞，左边一排墙高如柱的大门，庄严而凝重！仿佛与外界隔绝的不仅仅是噪声。缓缓地推开大门、立在会场飘逸的顶棚之下、有一瞬间让人仿佛处在灵鹫宫的天涯海阁。是的，就是这种如梦如幻的感觉！一个好的会场一定是有记忆能力的，因为它见证了许许多多人的欢乐、成功、喜悦、眼泪、激情、悲怆、憧憬！

原木的简约大气经过设计师的打造与会场的商业需求不谋而合。没人时，这里是一幅静谧的江南水墨画；有人时，这里是动态的剧场，演绎出不同的人生。

会场中间的 T 台独具魅力，吸引着四海八荒的注意力，这里就是所有活动的聚焦点，彰显高贵典雅主题的地方，时尚活动的标配！在这里，你可以猫步轻俏，可以舞步炫动，可以激昂演讲，也可以指点江山！来吧，叙品大会场由你做主！

铜奖

昆山前进中路综合广场

设计单位：中国建筑设计院有限公司
设计主创：崔愷、韩文文
建筑设计：崔愷、叶水清
室内设计：韩文文、饶劢
艺术顾问：阿莱恩 · 伯尼（Alain Bony）
灯光设计：王东宁、陈强、于金仓
项目面积：20 000 平方米
项目地点：江苏昆山前进中路
主要材料：阳极氧化不锈钢、金属铝拉网、静电植绒地毯

参数化作为一种以数学逻辑为基础的设计方法，在设计领域发挥着越来越重要的作用。在室内设计领域中，参数化的设计方法也扮演着愈发重要的角色。该项目设计力求探讨所谓“参数化设计”可以在室内设计的哪些层面起到作用，以及“参数化设计”能否完成一个完整的设计过程：从逻辑清晰的概念输入（包括不断的修正与调整），到精准的参数变量控制，再到精准的产品输出。

该项目设计运用参数化的手段完成了一个从概念到实际建造的过程。“红管子”象征着管风琴；地面碎片化的处理营造了一种活跃的空间效果，极富戏剧性。这些经过多次实验，最终得以实现，带给客人一个意想不到的惊喜。

大型公共建筑

铜奖

上海火车站西展厅改造工程

设计单位：上海现代建筑装饰环境设计研究院有限公司

设计主创：马凌颖、李畅、李栀、范春波、苏驰

上海地铁 3、4 号线原西站厅为地下一层结构，前身为三叶眼镜市场，2009 年为了配合上海火车站综合交通枢纽改建工程，三叶眼镜市场搬迁，原西站厅的改扩建工程也随之开启。

作为上海地铁“补短板”的重要项目之一，为了使上海火车站西站厅在功能上充分满足客流需求，在装饰上呈现独特风格，以当代艺术的手法与建筑空间相结合的方式，使其成为上海火车站枢纽中的疏导主力和视觉亮点。

改扩建承载希望，交通更便利

上海火车站枢纽作为全国的重要铁路交通枢纽，每日客流量百万人次，这使上海地铁三、四号线上海火车站亦承担着来自周边铁路、长途客运、城市交通等客流的巨大压力。

目前，火车站与地铁三、四号线的连通并不便利，无垂直电梯也无自动扶梯。为了进一步确保大客流安全，提升车站疏散能力，为乘客带来便利，根据上海地铁“补短板”总体项目要求，2016年年中上海火车站西站厅改建工程全面启动。

开通启用后的西站厅增加了1台自助式无障碍电梯、3台自动扶梯、2个通道口（西侧和东侧）、2个出入口（5号和6号）及13台门式进出闸机，并消除了车站原限于地下空间限制而无直达地面无障碍电梯和自动扶梯的短板。通过新开放的西站厅，乘客可直达上海长途客运总站地下售票窗口、铁路上海站西北出口、地下车库和出租车点，并还可便捷地到达地面的铁路上海站北进站口和北广场售票处。

缤纷色彩述说情感，上海欢迎您

每种艺术的表达与色彩的运用，不仅意味着一次情感的述说，也是一座城市的人文印记。为了突出上海地铁三、四号线上海火车站的上海门户形象，通过提取上海城市街景的缤纷色彩，将抽象的色彩作为几何语言运用于西厅的整体地下装饰中，展示上海活力四射、海纳百川的城市面貌，并以从地面到地下的移步换景，带给乘客在公共空间中步行的艺术体验。

此外，为了强调空间的识别性，轨交团队围绕西站厅出入口设计了“七彩云”顶棚及五根渐变色玻璃柱，并使其成为换乘厅中的视觉焦点。这些“七彩云”由七色铝合金挂片组成，为了寄语美好的祝福和希望，部分挂片上还贴着拥有上海地标建筑的明信片，既成为上海的城市名片，也是传递思念的情感驿站，同时在大空间中起到间接引导的作用。

在站厅中的醒目位置首次使用超宽幅的滑动多媒体大屏，“上海欢迎你”的主题为来自各地的人们展示多彩多姿、热情洋溢的上海形象！

出入口——“艺术的容器”

出入口的设计另辟蹊径。用简洁的语汇打造出了一个承载艺术品的“玻璃容器”，并在容器中勾勒一朵“故乡的云”，这朵用365盏温馨球灯组合成的云彩，不仅体现了当代艺术对自然人文的追求，也为途经此处的归乡客们提供了轻盈、温暖、柔美的空间体验。

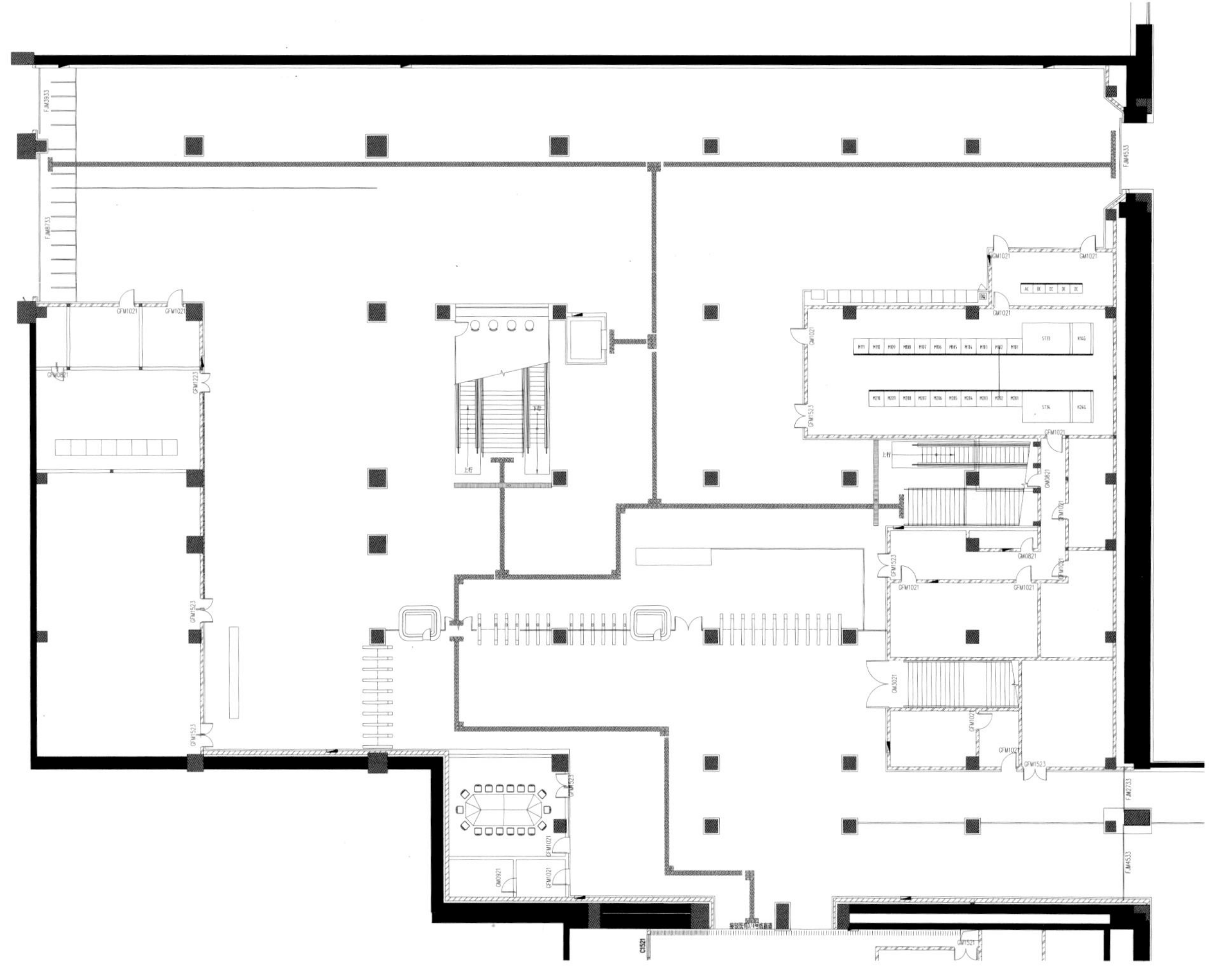

平面图

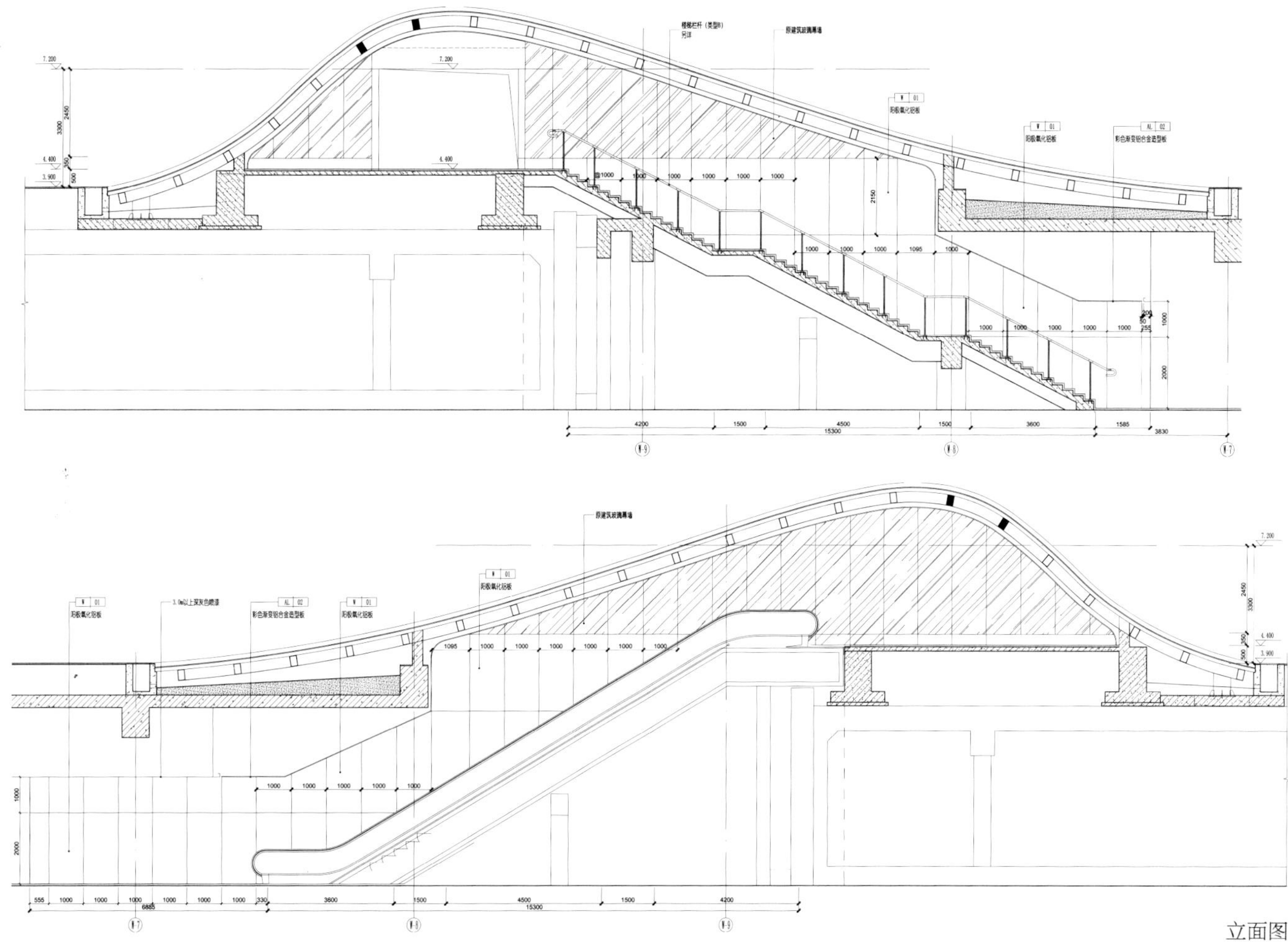

立面图

铜奖

天津市人民医院扩建三期工程急救综合楼

设计单位：天津建筑设计院装修二所
设计主创：张强、张卓
设计团队：陈乃凡、郑兆父、殷欢恺、李建波、沈婧旸、赵亚姿、张亦弛
项目面积：43 200 平方米
项目地点：天津红桥区红旗路与芥园道交口

天津市人民医院扩建三期工程是对整个人民医院的又一次提升改造，业主力求通过该项目工程，为天津市民提供一座更现代，更人性化的急救综合楼，为患者提供一座更具国际化水准的医疗环境。因此，设计师通过对一、二期室内空间的调研以及对三期建筑空间进行认真的分析，延续建筑生动的弧线元素，充分利用建筑设计中的共享空间、采光井、医疗街等节点部位，提出“小中见大、精致得体”的设计理念，力求营造亲切、精巧、新颖、简约、自然的空间效果。

空间以暖白色为主色调，局部点缀温馨自然的橡木饰面，将饰面设计与空间设计、美学设计、陈设设计等有机结合，使空间效果与环境氛围相互影响，统一中找变化，变化中求统一，相辅相成，为使用者营造便捷、优美的环境，为工作人员营造便捷、高效、舒适的工作环境。

铜奖

乌镇互联网国际会展中心

设计单位：北京建院装饰工程有限公司
设计主创：张涛、闫志刚
设计团队：张涛、闫志刚、沈蓝、孙传传、陈静、曹殿龙、刘山林、王盟
项目面积：61 000 平方米
项目地点：浙江乌镇

曾几何时，互联网颠覆了人类的思维方式，创造了多元化的空间，充满无限的能量渗透到日常生活的各个层面、各个角落，改变着我们的生活方式、工作方式。没有一个确切的定义来解释这一切，浸润在这个时代中，唯一不变的是人们本身，也许内心的平静会成为永远的追寻。

乌镇，超然于世的感觉，那份宁静、悠远、古朴仿佛只有时光回溯千年才可寻得，好像一个穿越时光隧道的游戏，那桥、那水、那小小的乌篷船和它所特有的一切让人驻足忘返，而更让人迷恋的便是青石板上缓缓踱步、门廊椅角或站或坐的人们，他们脸上的怡然自得以及清澈纯净的目光象征着那份深入乌镇骨髓的淡定从容和宁静沉稳了。

历史就是这样，世界互联网大会的永久会址落于乌镇，将这座千年古镇与现代文明天作之合般联系在一起，这并非偶然。

古镇，乌篷船，绵绵细雨，水上人家，互联网时代……隐约中，“古船听新雨”

的诗画意境跃然心头，将看似无关的不同元素有机整合，表达古朴平静与现代多元相互依存的辩证关系，将现代的空间关系与体现古老记忆的材质相结合，将简约、朴素的设计理念植入空间关系，满足互联网大会以及后期运营的功能需求，创建一个平台，在宁静中产生变化。

设计过程围绕“古、船、听、新、雨”五个关键字展开。“古”译为“古镇、文化”，体现了互联网时代下对历史、传统文化的传承精神；“船”译为“水乡、联络”，如果把水域比作人类的生活空间，那么互联网则是那条连通各地域生活、思想、文化的船；“听”译为“沟通、传播”，16 个分论坛的设立，为各界精英共享互联网创新，提供了有力的基础，打造了集世界智慧于一体的和平、安全的互联网平台；“新”译为“科技、思潮”，空间设计在汲取传统文化精髓的基础上，利用当今时代下的新材料、新技术来营造“新中有旧”的空间环境，是对“新”的最佳诠释；“雨”译为“信息、信心”，一方面描绘了江南的梅雨季，另一方面比喻互联网信息如细雨般润泽于日常生活的方方面面，并对人们的生活、思想以及经济发展产生了巨大的影响。

“置身于古朴的乌篷船，沿河道而行，岸上白墙灰瓦斑驳映现，细雨绵绵，延屋檐滴落，连绵成线，移步异景……”，这就是该项目设计力求表达的空间情感。

会议中心位于整个建筑的南侧，近 23 米宽的室内入口大堂直通会议中心、二层会议室及北侧空间。室内开敞明亮，寓意我国经济建设的开放包容和未来互联网行业的光明前景。各层之间贯穿相通、紧密连接，体现了互联网行业互联互通的时代特点。

高大的柱身与墙板，丰富了空间层次。顶面的视频显示器上可最便捷、最快速地播放会议期间的时事热点，与当今互联网经济时代的快捷性、前卫性、数字化特点保持一致。壁灯造型结合蓝印花布、青花瓷，将千年的印染历史、精湛的工艺作品相结合，亲切且柔美。

可容纳 3010 人的主会场呈南北轴对称的布局，藻井式天花吊顶布满整个顶面，像一个具象化的网络空间，将会场里的人笼罩其中。顶面、立面、铜花格门使整体中轴对称、方正的空间中多了细节上的装饰。整个空间为人们交流思想、凝聚共识、贡献创见搭建了一个国际化的互联网平台。空间立面将古镇河道两侧的古宅映象与网络信息时代的现代元素相结合。

双边会议厅提取中国古建中的柱基、雕刻、华拱造型，运用香樟木来雕刻乌镇历史记忆，结合金属材料，呼应当今互联网时代对传统行业新思维的引入与重视。

空间大气、恢宏，将各界精英聚集在一起，体现了开放、多元、合作共赢的新思想、新思维。

乌镇与互联网，天作之合！

银奖

武汉市第一商业学校烹饪教研室综合实训基地

设计单位：武汉市第一商业学校
设计主创：孙成
参与设计：杨欣欣
项目面积：230 平方米
主要材料：混凝土板、水泥仿古砖、杉木指接板、松木板、乳胶漆、真石漆

该项目是为武汉市第一商业学校烹饪教研室打造的综合性教学空间，也是烹饪大师以及专业教师们进行产品研发、教学研究、视频拍摄和技能展示的多功能实训基地。工作室由烹饪、咖啡、调酒、茶艺、烘焙、品鉴等六个功能区组成。

空间设计首先需要保证整体的通透性，并且使不同的功能区保持联系的同时又相对独立。通过局部吊顶加地坪抬高的处理，在解决排水问题的同时打造出极具层次感的视觉空间，并且使每个区域都有合适的拍摄面。

在烹饪区内，用厚度不同的方块形集成吊顶将排烟管道、空调管道、照明光源融入其中。在增强排烟效果的同时优化区域内的声学效果。入口的背景墙以“枯山水”为设计灵感，对面是“国际范儿”的标志背景墙，二者相互呼应，象征着东西方不同的烹饪思想在这里完美结合。主材选用杉木材料，搭配裸露的混凝土板，带给人原始而简单的视觉冲击，是对“烹饪”这种人类行为的绝佳诠释。

COFFEE
CULINARY ARTS

教育医疗

银奖

半糖轻熟

设计单位：佛山市采虹空间室内设计有限公司
主创设计：杨仕威
参与设计：高智佳
空间摄影：采虹空间
项目面积：37 平方米
项目地点：广东佛山

该项目只有 37 平方米，属于商业广场内的小型美疗机构，委托方希望顾客在体验贴心服务的同时，亦能感受到空间设计带来的赏心悦目。

设计师利用有机玻璃屏风分隔出接待区与消费区。在有限的空间内，通过反光材质的运用，巧妙地消除了空间的直白感；层层折射圆元素贯穿空间，在不同的角度隐约定格了四周的环境；低饱和粉色搭配自然灰，有着糖果般的甜美，而硬朗的亮金色线条体现了对细节的精雕细琢。

各种元素交相辉映，调和出一番奇妙的空间气质，我们称其为“半糖轻熟”。

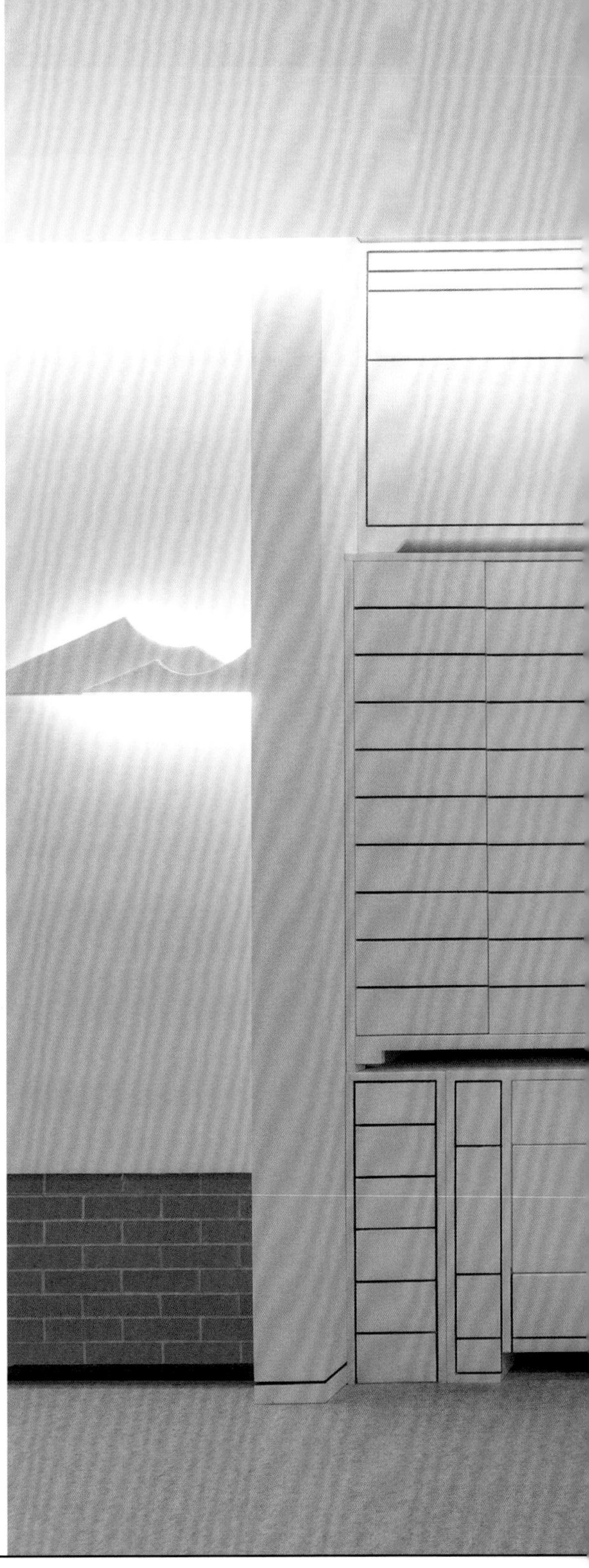

铜奖

清健中医馆

设计单位：长沙悟空建筑装饰工程设计有限公司
设计主创：尹坚
空间摄影：廖鲁
项目面积：600 平方米
项目地点：湖南长沙劳动路双铁城写字楼 11 楼
主要材料：橡木、进口地胶、青石片、雅士白大理石、青铜

清健中医馆已传承三代，历经 50 余年的风风雨雨。前身设在一个不足 40 平方米的小巷门面中，上门就诊的患者络绎不绝，口碑、医术俱佳，在当地极为知名。

如今，作为第三代传人的王医生年仅 30 多岁，年富力强，对中医药及企业发展有着全新的思考和诠释。王医生与设计师多次沟通，希望中医馆新空间既保留人们对中医馆的传统认识，又体现新时代中医发展的新潮流、新特征，并综合考虑患者众多、医生工作压力繁重等因素，特别强调营造“静、雅、素、洁、适”的空间效果，使医患之间形成良好的沟通，缓解各方内心的焦虑、不安和躁动，营造平和、舒适、宁静的就诊环境。

铜奖

上海科技大学新校区一期工程图书资料馆

设计单位：上海现代建筑装饰环境设计研究院有限公司
慕若昱建筑设计咨询（上海）有限公司

设计主创：黄斌、王岩、赖文莲、张逸雯

项目面积：建筑面积 21 545 平方米，室内面积 16 740 平方米，
建筑高度（包括地下一层和地上五层）23.99 米

项目地点：上海浦东张江海科路 100 号

主要材料：水磨石地坪、碳化竹木饰面、定制金属造型板（木纹转印）、
预铸式玻璃纤维加强石膏板（GRG）

上海科技大学新校区一期工程位于上海浦东张江海科路 100 号，图书资料馆是新校区的标志性建筑之一。室内空间以开放通透、现代简约为设计原则。

公共空间以书卷、书脊为设计元素，内侧墙面的深色木饰面映衬出中庭回廊的流畅线条和丰富层次；中庭高耸的立柱和挑高的空间尽显开阔宏伟的气势，顶面引入的自然光营造了更加自然舒适的氛围；书卷楼中弯曲的墙面与玻璃外墙相结合，形成具有标志性的艺术阅览空间；主入口的大台阶为师生提供了休息和讨论的公共空间。

图书资料馆以舒适、开放、自然为设计理念。空间平面开放且包容，不同功能的模块相互穿插，形成多层次、多功能的

开放型阅读空间，为读者提供更多流畅自主的活动流线；局部墙面和柱子用绿色点缀，形成灵动自然的阅读空间；活动家具用来对空间进行调整和分隔，也便于自由组合和使用；木饰面书架为空间注入了自然质朴的气息。空间设计运用多种手段，力求满足多种功能需求，营造宁静、自然、温馨的人文阅读环境。

铜奖

郑州木子国际幼稚园

设计单位：河南壹念叁仟装饰设计工程有限公司
设计主创：李战强
设计团队：李浩、林文昌、卫旭鸽

该项目尝试通过元素“木”组合和积木搭建的方式，在室内空间中营造“积木屋”的氛围。入口挑空区为了实现门厅、书吧、接待区的多功能重组，二层半开放区域及教室保留开窗方式，以增强空间互动及内部开放度。

从“木”到“本”，材质及色彩关系力求摒弃以往花花绿绿的儿童空间。从“本源”出发，寻找大自然“木”的本质，简洁明快。保留更多的开窗和借景，以便孩子的视野从室内延伸到室外庭院。室内空间中木色和白色的大量运用强化了自然清新的空间氛围，其间点缀不同深浅的绿色，调和空间层次。

教室照明设计采用发射照明的方式，避免射灯对孩子眼睛的伤害。卫生间洗手台的圆形设计最大限度地提高了空间使用率，洗手台上方采用转印铝方通与“树”状相结合的方式，让孩子在使用过程中体味童趣，带给孩子更开阔的成长空间。

M Z

住宅

银奖

金辉光明城

项目地址：福建 福清
设计单位：GDD 联合设计
设计主创：杨荣、刘青
设计团队：黄应焰、林秀霞
项目面积：131 平方米
主要材料：自然面石材、成品木饰面、钢板、壁纸

我们常说，居住空间是独一无二的，因为它完全根据你的生活需求来满足你，所以它不是样板房，它会让你在空间中真正放松下来，感到舒适安全，得到满足。

作为设计师，把人放在第一位，其次是空间本身的条件，最后是设计理念。设计师并非设计业主的生活，而是帮助业主设计空间、实现梦想。“金辉光明城”项目秉承“让设计回归生活”的理念，呈现在大家面前。

在与业主沟通讨论后，设计师决定对户型结构进行较大的改动，打破原有的格局，将各个空间连接起来，让整体空间变得宽敞通透的同时，更具时尚感。在材质的选择上，以温馨且温润的木质材料为主，搭配硬朗的黑色钢板，选择未经雕饰的自然面石材，丰富空间层次，营造一个舒适、自然、放松的美好空间。

MADE BY HAND

银奖

仙凤山别苑

设计单位：雷恩（北京）建筑设计有限公司
设计主创：高斌

隐匿在福建省宁德市周宁县最具原生态的山谷内，蜿蜒而上的盘山公路，几经回转，邂逅几座别致的林中小院。烟青色的围墙，透出一隅翠竹黛瓦，一丝禅韵便在夜色中弥漫开来。 地灯恰到好处地放置在院落通道两侧，暖暖的灯光指引着通往室内。幽幽庭院中，若隐若现的植物将建筑包裹其中。 现代都市人在喧闹的城市中忙碌而奔波，东方禅意带来的静与体悟，让人沉浸于“深林人不知，明月来相照”的小隐生活中。

这里的房型都是独门独院，甚是清净。虽然外观仍是“青砖、灰瓦”的建筑，内部却是从大堂开始，许多地方便自成一景。通透而开放的建筑空间与引景入室的设计手法为整个房子融入了和谐的自然元素，沐浴在午后的暖阳下，或畅谈，或品茗，或阅读，一切都恬然自宜。精致沉稳的藤

制家具洋溢着素璞纯净、宁静幽雅的气息，窸窣明灭的壁炉在夜里为山居带来舒缓暖意。

每间客房别具中式风情，传统而清新；竹、木、瓦、梁的元素随处可见，道出一股小江南的韵味。客房面山的窗景以落地玻璃为墙，大面积的采光引入室外的竹林山水，宛若一幅天然的山水风景背景画。双人榻椅配有改良后的舒适软垫，中间的圆几上可沏一壶香茗，听风、观景、品茗，沉醉其中。享坐于此，感受大地四季的更迭幻化，日出朝阳与晚霞余晖时序更换，云海、竹林、山峦，交织成画。

住宅

银奖
南宋御街老宅院设计改造

设计单位：杭州时上建筑空间设计事务所（ATDESIGN）
设计主创：沈墨
设计团队：宋丹丽、李嘉丽
空间摄影：叶松
项目面积：室内 30 平方米，室外 70 平方米

这是浙江卫视公益改造项目“全能宅急变”的收官之作。杭州南宋御街，乃困在暴雨中的百年老宅，93岁裱画师不愿意离开的家，新匠人致敬老匠心，重绘依山傍水的新桃源。

现场的情况非常复杂。破败的建筑，很多已经不能使用。山体建筑的自然生态系统，尤其是水系统，是一个需要认真思考的问题，即如何确保雨水和从山上留下来的水不对人和建筑造成隐患，同时对其充分利用？室内空间中，需要满足各种生活需求，比如，没有生活上下水和排污系统，没有洗手间，隔热、通风不畅，这非常不方便。此外，在空间中，如何实现人、建筑，大自然的融合统一？如何实现三者的对话？如何通过空间设计向老爷爷的匠心精神致敬并将其传承下来？

设计师力求将以上构想融进一幅画里。

南宋四大画家的“一角半边”构图写意，让画面充满意境的留白，让人的生活大自然的风雨、建筑的光影都成为画的内容，大自然已经很丰富了，不需要太多装饰，最终，一幅白底的画就出现了。设计师精心绘制一幅“画”，送给老爷爷，希望他生活在诗情画意的生活中，惬意安康地颐养天年。这幅画象征着新匠人向老匠人致敬，画里画外，百年礼赞。

一个月的限期改造，有限的预算，三伏天的天气，设计团队和施工团队克服种种困难，最终，经过大家的努力，项目顺利完工。

铜奖

成都鹿府 C 合院

设计单位：柏舍设计（柏舍励创专属机构）
设计主创：柏舍设计
项目面积：约 678 平方米
项目地点：四川成都
主要材料：石材、木饰面、布艺、藤编墙布、工艺玻璃

该项目中，设计师推陈出新，古为今用，用细腻的态度塑造了一件极具东方意韵的新中式家装作品。无论设置还是色彩调配，无论现代工艺地融入还是对新中式家装的理解，设计师都有着独一无二的表达。在宅子的整体设计中，由内而外充满中式元素。琐窗朱户是看得见的惊艳，静谧儒雅是嗅得到的味道。房外的屋檐，门前的绿桃，镇门的狮子，纳财的蝙纹，都在诉说着中式风格的美丽。在室内设计中，设计师寻求一种平衡，无论实用性与观赏性的结合，还是空间意蕴的营造，都体现了一种儒雅的中庸之道，将中式生活中的中庸生活哲理融入其中。在会客厅中，在盥洗室里，中轴对称发挥到极致，毫无密闭对称的拘束感，留下的是满满的中式禅意。不锈钢、玻璃、岩石、实木的材质对比，既增强了现代感，又不失整体的中式氛围。“古留几笔新当柱”，正是如此。

卧室的设计秉承中式风格的柔美细腻，加之现代实用的暖色床具，空间既充满古朴的味道，又有一种温暖柔和的表现。竹、布、藤以及富有特色的房梁成就了每间卧室的独特韵味。餐厅设计以“新”为本，以现代设计为基础，以中式元素为填充，无论实用性还是装饰性与通透度，均达到五星级酒店的标准。配色合理，装饰讲究，灯具独特，此厅一展，食府仿之。

铜奖

听海

设计单位：福建国广一叶建筑装饰设计工程有限公司
设计主创：高仲元
设计团队：许渊洋
空间摄影：周跃东
项目面积：240 平方米
项目地点：福建厦门金都海尚国际
主要材料：柔光砖、烤漆板、木地板、大理石

从海边来，走出半生，归来看海，愿春暖花开。

推开门，真的进入那个世界。并非热烈的澎湃，只有微风拂过的荡漾，洁白的天花板摇动着优美的弧线，灯带柔和的光线仿佛天光映入海水，线条和光影的运用使空间极具韵律美，仿佛海波微兴，浪声入耳。

白色为主的地板纹理优美，好像是天光入水，氤氲袅袅，一份回归的柔软和温暖悄悄浸漫心间。

这个轻柔曼妙的世界，轻逸但不轻浮。设计师大胆使用大块高级灰的墙面，墙面线条正直而不失律动，给空间带来了层次丰富的质感和明暗关系，沉静的空间流露出高冷的气质，成为这个曼妙空间中令人安心的支撑点。

墙边的球形吊灯，那样皎洁，好像溶溶夜月初升海上，柔和的清辉洒在金属灰色的墙面上，形与色的对比，光与影的组合，为极简的空间注入了一丝神秘的璀璨。

与夜月般的吊灯遥相呼应的是客厅的沙发。这款沙发由著名建筑师扎哈·哈迪德设计，命名为“月亮沙发”（Moon Sofa），有棱有角，倚在灰色的墙边，洁白而优雅，美丽而灵动，就像是一弯娇羞的新月，怎能不令人心仪。

茶几的颜色是客厅中最深沉的了，因其圆润的造型和自然的纹理，更像海里的贝壳或珊瑚，在水波与时光里积淀应有的深沉。

踏着起伏的波浪而行，客厅的另一端是餐厅。在平面规划上，设计师尽量打造开敞的空间，形成极具延展性的室内格局。餐厅以纯白色为主，在灯光的映射下显得通透而整洁。造型新潮的黑色餐椅与墙上简约时尚的时钟使整个餐厅更显现代时尚。

餐厅的另一侧是通向盥洗与休息的走道，空间转换和色调过渡安排得恰到好处，餐厅的白与走道的灰都能在这里找到最适合的方式和位置。走道的门隐藏在灰色墙面的线条之间，黑白搭配的吧台椅与灰白对面的两侧空间相对应，形成蕴藏音律的钢琴黑白键。穿过灰色墙面，从波光粼粼的“时光之门”走出来，到了主卧。这是一个曼妙的世界：宽敞的卧室面朝大海，高低不同的布艺桩围着舒适的大床，像一波波起伏的海浪，又像一个个灵动的音符。

床边散落的卵石，瞬间拉近与大海的距离，站在巨大的全景窗边，仿佛海风拂面，清新、微咸，徜徉其间，灵魂已化作自由的海鸟，在海浪之上、白云之间随风曼舞。

夜幕降临，大海变得深邃而神秘，凭窗而立，星光渔火，风唱鸟鸣，海浪声声，带来远方的问候，携走听海人的祝福。

铜奖

消防员之家

设计单位：厚派建构室内设计有限公司（HOUPAL）
设计主创：江波
项目面积：136 平方米
项目地点：湖南长沙
空间摄影：朱超
主要材料：雪影灰木饰面、灰色墙布、白色混油、古堡灰大理石、黑色金属

该项目的空间立意，于合情合理，于填饱诉求，不于刻意地无“理”取“闹”。冷静清晰的场地思考，需要在空间的骨骼关系上来解决问题。空间的破局，植入焕然的新次序，不为恣意的破坏使然，只求在固化的尺度上探寻空间处变的合理存在性。在材料语汇上，用金属板控制客厅空间的松弛度，多次尝试黑色喷漆工艺，方才达到金属板该有的光泽与质感。入口门厅处，原建筑的水表箱和楼宇对讲盒暴露在外，借势发挥，索性进行包裹，营造暗示性的入口情景，形成入口门厅。空间初具雏形，稳固协调了材质色彩的谐和度，主要以白色和木色铺陈，搭配刚硬的黑色，强化对比与冲突。满足空间使用者的设计诉求，为其带来一份内心的自由与舒适，颇为重要。在现代居住空间中，将繁复的装饰艺术重新定义，使其更加简洁，更有力度。在色彩方面，在大面积的白色中加入不同程度的明黄点缀，赋予空间盎然的生机。

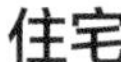

铜奖

洛畔拈花

设计单位：河南锋尚装饰设计
设计主创：蔡燕
空间摄影：吴辉
项目面积：180 平方米
项目地点：河南洛阳洛龙区
主要材料：爵士白和波斯灰大理石、拉丝铜不锈钢、哑光咖啡色直纹木饰面板、哑光灰色木地板、哑光白色乳胶漆

该项目地处洛阳新区洛水南岸，北临洛浦公园，自然环境优美。项目为联排三层别墅，前后独立庭院外加西向侧院，地上三层，通风采光良好。

客厅经过精心布置。电视背景设计摒弃了传统的电视背景墙烦琐堆砌造型的手法，采用简洁的线条和纯粹的材质，将投影幕墙和壁炉完美结合，投影幕墙内部做了精心处理，石膏板底部预留暗藏了电视电路等插座，兼顾业主的传统观影模式需求。与电视背景相对的两面墙体，特意设计了两面兼具书柜功能的定制沙发组合柜，既满足了业主博览群书的雅趣，又节省了空间，同时形成了不俗的展示效果。沙发前搭配三个圆形金属包边石材茶几，让棱角分明的沙发组合多了几分灵动。

周末午后，懒洋洋地躺在落地窗前的子宫椅，一本书、一杯茶、一个惬意的午后，思绪和身心仿佛慢下来，随时光静静流淌。

餐厅和厨房也别有一番情调。这里原先是别墅的侧院，厨房非常狭小，餐厅部分空间也非常局促，设计师对其结构进行了改造，将厨房改造成入户门厅，丰富了结构的层次；把侧院改造成传统意义上可以隔断油烟的中厨、开放前卫并拥有独立中岛吧台的西厨，以及拥有整面酒柜的奢华餐厅。餐厅与厨房的衔接部分，在顶面开了天窗，将天景引入室内，补足室内照明。天光下，一棵原创白色哑光漆面大树作为玄关造景，既将用餐区和厨房区进行完美的空间分隔，又不会遮挡视线，有分隔也有互动。夜晚，皓月当空，繁星点点，月光透过天窗，洒落在晶莹剔透的红酒杯中，邀三两好友围吧台而坐，把酒夜话，岂不快哉。

此刻，与工作烦恼无关，与生活琐事无关，一套别墅，几位佳人，便是专属自己的一座城池。

第二十届中国室内设计大奖赛
优秀作品集

A COLLECTION OF GREAT WORKS FOR
THE 20TH CHINA INTERIOR DESIGN GRAND PRIX

方案类

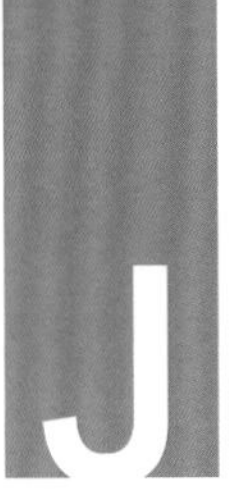

金奖

POPO 幼儿园

设计单位：杭州大尺建筑设计有限公司
设计主创：李保华
参与设计：李春亮
项目面积：4600 平方米
项目地点：浙江杭州
主要材料：地胶板、木饰面板、乳胶漆

POPO 幼儿园是由四栋独立的三层员工宿舍改建而成，原建筑已经荒废多年，并且柱距、单层建筑面积都不符合幼儿园设计要求，因此整个设计从建筑改造开始。

幼儿园共设 12 个班，规划设置各类专业活动室、图书馆、多功能活动室等。四栋建筑面积不大，单栋单层最多只能容纳两个活动室，并且间距很大，相互之间无关联；只有一层和三层的建筑层高能满足活动室的层高要求。原楼梯建筑只能满足疏散要求，不便于日常使用；北面两栋建筑的一层采光不足，因此活动室只能设置在北面三层以及南面一层和三层。为了解决这一系列关键问题，在四栋建筑内侧加建了一个从一层旋绕至三层的环形天桥连廊，起点为园区入口，延伸至北侧一层至二层，再由北侧二层绕到南侧三层，并与原建筑内走廊形成每个楼层的闭合走廊。这同时解决了三层活动室学生课间活动场地不足的问题，学生不再需要下到一层，而可以在天桥连廊上自由奔跑。此外，天桥连廊面朝中心庭院，形成一个自然开敞的空间，作为庭院的观赏平台。

“人类第一所学校始于一棵大树下，几个人听一个人说话，说的人没有意识到自己是老师，听的人也没有意识到自己是学生。”——路易斯·康。

自由且具有教育价值的建筑如同那棵树，吸引学生的注意力，并启发其想象力和创造力。北侧原地下室设置成图书馆和多功能活动室，为了解决采光问题，将庭院北侧改造成下沉式庭院，与图书馆及活动室相连，并使下沉庭院成为室内空间的延伸。多功能活动室的庭院中设置很宽的台阶，庭院台阶变成露天小剧场的看台，庭院就像一个小舞台。图书馆下沉庭院中设置比较窄的台阶，庭院变身为一个室外阶梯教室。

世界幼儿教育日趋成熟，以“幼儿为中心”作为核心价值，对幼儿的认识和尊重是幼儿教育的重要原则，通过生活经验、感官接触、各种探索活动和趣味游戏，促使幼儿身心健康、全面发展。目前，国内幼儿园设计大多局限在设计规范及越来越功能化的标准幼儿空间。便利的现代建筑设备剥夺了孩子们的感官体验，他们不知道何时下雨，土壤何时变潮湿。设计师希望通过合理的空间规划，传授孩子们一些知识，无论时代怎样变迁，这些知识始终是人类社会的永恒价值。因此，将中心庭院设计成一个巨大的教室。在这个庭院里，孩子们可以做游戏。此外，还有很多与教学相结合的设施，例如，设置在山丘中的红色管道，除了贯穿活动室和餐厅，还是个自然科学教室，管道内的墙壁上设置了多媒体显示屏，可以展示蚯蚓如何帮助植物生长，雨水如何被土壤和植物吸收等有趣的课题。山丘上的风力发电机，除了可以用于环保课程教学外，还可以给景观照明供电。下面利用山丘的坡度设计了水力发电的小实验。利用下沉庭院的高差，设计一个斜坡，斜坡上设置一个供孩子们攀岩攀爬的游戏区。借用二层的天桥连廊，设置一组巨大的滑梯，让庭院成为孩子们的游乐场。天桥下的木板浮桥穿过戏水池，成为教室的延伸部分，老师可以带领孩子们在室外上课。

室内空间中延续建筑元素，依据孩子们的行为进行设计。将家具及墙面装饰成斜顶小房子等造型，在装有这些小房子的各个房间中运用不同的色彩，使其贯穿走廊，连成一条条“小街道”，进而形成一个“小城镇”。赋予不同的空间以不同的场景，比如，门厅设计成社区中心，体检室设计成医院，门卫室设计成警察局。食堂设计成菜市场，等等，为孩子们打造了一个独立的“小人国”。

专业活动室与走廊之间的墙用折叠玻

璃门代替，拓宽空间视野的同时拥有更好的采光。上课时将玻璃门打开，走廊成为教室的一部分，比如，美术教室中，孩子们在走廊上就可以对庭院进行写生。

图书馆设计延续下沉庭院的斜坡台阶，把书架设计成台阶状的小山坡，小山坡上设置几个房子，分别作为阶梯教室、录音室、阅览室等，中心的柱子就像一棵棵绿色的大树。此外，还有熊窝，孩子们可以坐在熊窝里看书。

“学习的本质是孩子做了什么，而非对孩子做了什么。”孩子的好奇心和兴趣是其成长的“内在动机”，我们需要做的是，在孩子成长的不同阶段，提供适宜的学习环境和教育方法，帮助他们发挥自身的全部潜能；尊重孩子的内在需求，让他们适时、适性地成长，彰显其内在的心智发展水平。

银奖

色界

设计单位：鸿扬家庭装饰工程有限公司
设计主创：谢志云
参与设计：李明

该项目是青海戈壁深处的一栋半下沉式建筑，在戈壁之上，堪称旅行者放空自我过程中的一个栖息之地。在人居环境方面，戈壁是不适合居住的，但在如此特殊的环境中，每个人都是过客，旅行的脚步在这里停下来。旅行的意义在于寻求一份本心。在建筑及空间设计的布置与规划方面，充分考虑地理环境及气候因素，半下沉式的建筑形态可最大限度地满足空间的使用需求，水泥、铁板、玻璃、砾石等材料经得起时间的考验。在一片戈壁荒芜之中，建筑空间灵动鲜活，搭配比较艳丽的装置艺术构件，由此，戈壁之上的安居之所与大漠和谐相处，情趣盎然。

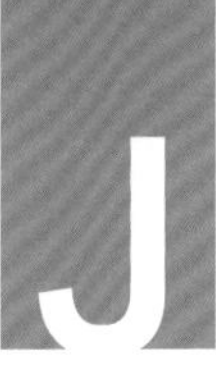

银奖

G+Coiffure 形象设计会所

设计单位：美迪装饰赵益平设计事务所
设计主创：夏凡
参与设计：朱裕
项目面积：330 平方米
项目地点：重庆
主要材料：钢板、氟碳漆、不锈钢管、绸缎、深色石板

位于重庆的 G+Coiffure 形象设计会所由法国归来的 90 后时尚形象造型师创办。空间中洋溢着浓郁的现代气息，为尊贵的客人带来独一无二的空间体验。

该空间的设计理念：发丝在指尖不断跳跃、变幻。

在空间中，大量的黑色元素与金色元素的激烈碰撞，创造着各种奇迹，并寓意每个人“在造型师的倾心打造下会发生不可思议的蜕变”。

线性元素巧妙地“生长”于空间中的各个角落，简洁的金属线条在空间里纵深穿梭，如发丝般交织、缠绕、停顿，在断裂间恣意生长、沐浴滋养、重获新生，演绎秀发的一次次淬炼与蜕变。

会所的门面独特别致，为周边环境注入了活力，客人甫至会所，映入眼帘的是时尚感十足的金色线条与深灰色墙漆，鲜明的色彩对比在保证特定功能空间的同时，营造一个整体的连续的开放空间，促进了人与人的交流。色调与灯光的巧妙配合，完美筑造了 G+Coiffure 产品的陈列空间。每个角落的灯光经过精心设计，综合考虑不同空间的用途，营造完美的光影效果，让客人感到轻松舒适的同时，配合造型师的技术需求。白色座椅与金色绸缎相映成趣，尽显简单典雅。明朗的金属线条与简洁的镜面相互映衬，为空间增添了一丝神秘的气息。

金色线条贯穿会所的每个空间，与深灰色墙面形成鲜明的对比，一明一暗，在柔软细腻的绸缎和室外绿植的烘托下，诠释着低调奢华的空间内涵，彰显出设计师新颖的空间构思。

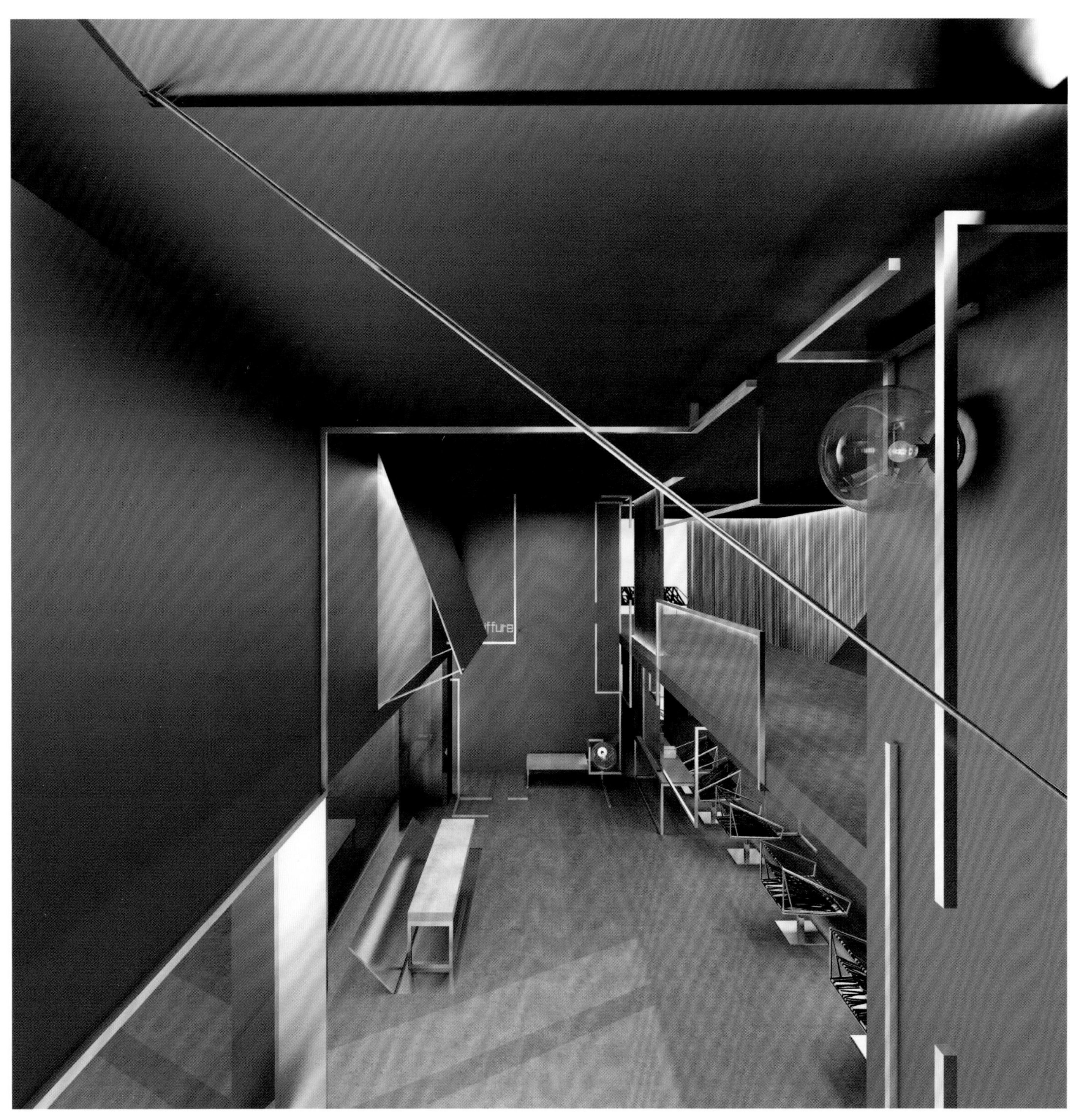

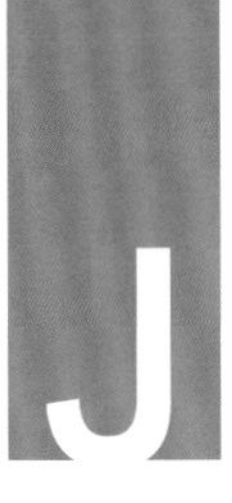

铜奖

优卓牧业综合楼室内空间

设计单位：湖南农业大学体育艺术学院
设计主创：郭春蓉
项目面积：1068 平方米
项目地点：湖南宁乡

优卓牧业位于湖南省宁乡县双江口镇槎梓桥村，以液态奶为主要经营产品。该项目于 2016 年 12 月完成，分为牛奶工厂的参观通道及体验空间两部分。为彰显牛奶干净、生态、无杂质等特征，空间中铺设白色橡胶地面，立面大部分选用白色烤漆玻璃、白色铝板、白色灯箱片等材质，天花板选用大面积软膜，使空间显得通透柔和；色彩搭配围绕空间设计关键词而展开，白色的参观通道虽然只选用一个色彩——白色，但得益于材质及灯光的相互映衬，整个空间简约、细腻、整洁。

体验区的用户主要为儿童。在大面积的背景色中提取牛奶的暖白色，以草地的绿为空间主体色，点缀些许鲜艳的色彩，增强空间的活跃度，丰富用户的空间体验。并迎合用户的性格喜好。

优卓食品
YOUZHUO SHIPIN
B.1
B.2

优卓牧业
YOUZHUO MUYE

YOUZHUO MUYE

铜奖

禾丰精品酒店

设计单位：绵阳上上居室内设计工作室
设计主创：江伟
项目面积：客房 1800 平方米，茶楼及餐厅 1800 平方米
项目地点：成都市金融城
主要材料：水泥自流平地坪、水泥漆、做旧防腐木、做旧木地板

设计师爱水泥，该项目亦然。只是在这里，水泥不再是以工业风的样子出现，而是透着一股日式侘寂的气息，空茫中带着伤感。

酒店走廊天花板采用连续折面造型，宛如人生，虽然曲折，但亦有曲折之美。走廊两边墙面上设置许多大面积的固定窗，这是一个“怪招”，每个房间的卫生间都暴露在外，有暴露癖吗？非也。这样的设计，自有它的道理。酒店身处一个开放式的商业空间里，两侧有窗的区域隔成房间，走廊及中央的房间都成了“黑地”，把空间逼入了一个“死胡同”。

因此，自然光借助玻璃隐隐地透射进来。从走廊看过去，卫生间成了橱窗里的风景，每个卫生间中的小花砖各不相同，表达不同的情感。由此，乏味的走廊变身成一个卫浴秀场！

那么，客人如厕洗浴怎么办呢？简单，客人入住，由服务员放下窗帘既可。放下窗帘子的卫浴，时不时引人遐思。毕竟，人性乃设计之魂。

打开房门，哇，定会大吃一惊！怎么一进来就是卫生间啊？对，就是这样。传统意义上的酒店分为三个区域：走道，卫生间，房间。这里，将卫生间的墙拆除，门安装在卫生间与房间之间，优点是：卫生间与走道合二为一，空间变得宽敞，节约了建筑成本，并减轻了建筑承重。在卫生间与房间之间形成了一个双门设计，让房间的隔音更理想，隔音差是一个通病，而此处，该问题得到彻底解决。

进入房间，感觉有些别样。不规则的折面吊顶上悬挂着异形的软膜天花板，灯箱上的图案形成强烈的视觉冲击，将客人带入一个个情景中，在浓重色彩与旧木工板的烘托下，深陷其中，那感觉，既怀旧又宁静。

排在中央的八个房间，没有采光，也不便设窗。因此，在每两个房间之间打造一个浅水景，房间既有窗户可开，又有景可观，不再阴暗无聊。又在两个套房一侧分别打造两个水景：一来将建筑两侧的光线引入走廊，让走廊豁然敞亮；二来将水景融入卫生间和客厅，让房间有种空灵之感。

灯箱的运用贯通整个设计。来到五层，走出电梯便是迎面而来的几个异形灯箱，在厚重的环境中点亮了空间，张力十足。茶楼中依然遍布水泥味，辅以黑色做旧的木作，希望客人在这里放松身心。异形的坡顶，特别是中间及卡座区上方的巨型天窗，让空间线条简单又生动。

大厅中加设了一个舞台，可以举办比如小型聚会、沙龙、发布、球赛之类的各种活动，极大地丰富了酒店的经营内容。

在走廊里，辟出了一面二十几米长的涂鸦墙，增进了与客人的互动。棋牌包间用不同的重色来表现，以白色软膜天花灯箱做焦点，既厚重且明亮，让客人心情舒畅。此外，包间的空墙上加设了一个隐形床，客人可在此留宿，同时为酒店增加了 12 个房间的营利，提高了空间使用率。

餐厅与茶楼一样，一股水泥味儿，简

约且淡雅。一面提供客房配套早餐，一面提供极富特色的私房菜，顶面造型依托建筑原坡顶，两根异形假梁平衡了空间，干净利落。包间主要用于接待高端客人，白色软膜几乎覆盖整个天花板，墙面采用黑色木作，辅之不规则排列的圆形灯孔，非常特别，与独特的私房菜品相映成趣。

铜奖

济南地铁 R1 线

设计单位：中国建筑设计院有限公司
设计主创：顾大海
设计团队：江鹏、韩文文

R1 线是济南市第一条轨道交通线，市域南北快线，连接长清组团，济南西客站片区，旨在缓解济南市西部地区南北向的交通供需矛盾，有效加强西部新城区与主城区的联系。济南是一个深受儒家文化影响的城市，崇尚“仁”与“礼”的思想。地铁作为一个城市的名片，其空间设计应体现济南人内敛、儒雅、尊礼、重道的气质。室内空间以清水混凝土为主要材料，尽显最本质的美感，体现 “素面朝天”的品位，拥有朴实无华、自然沉稳的外观韵味，契合了济南城市悠久的历史和浓郁的文化氛围。

该项目秉承“安全地铁、品质地铁、绿色地铁、智慧地铁”的设计理念，成为济南轨道交通建设的一个优质示范工程。其特色和优点体现在以下几个方面。

（1）符合城市总体规划、交通规划、线网规划和建设规划。

（2）贯彻“安全第一、以防为主”方针，加强建设、运营风险控制。

（3）功能优先，以人为本，精心设计，精细管理，提升品质。

（4）积极推广清水混凝土、产业化 、光伏发电、雨水回收、中水利用、地源热泵、列车制动能源回收等技术，突出节水、节地、节材、减振降噪、环境友好等环保理念。

（5）利用现代信息技术，以地铁为载体，为乘客提供便捷、时尚、活力的公共服务。

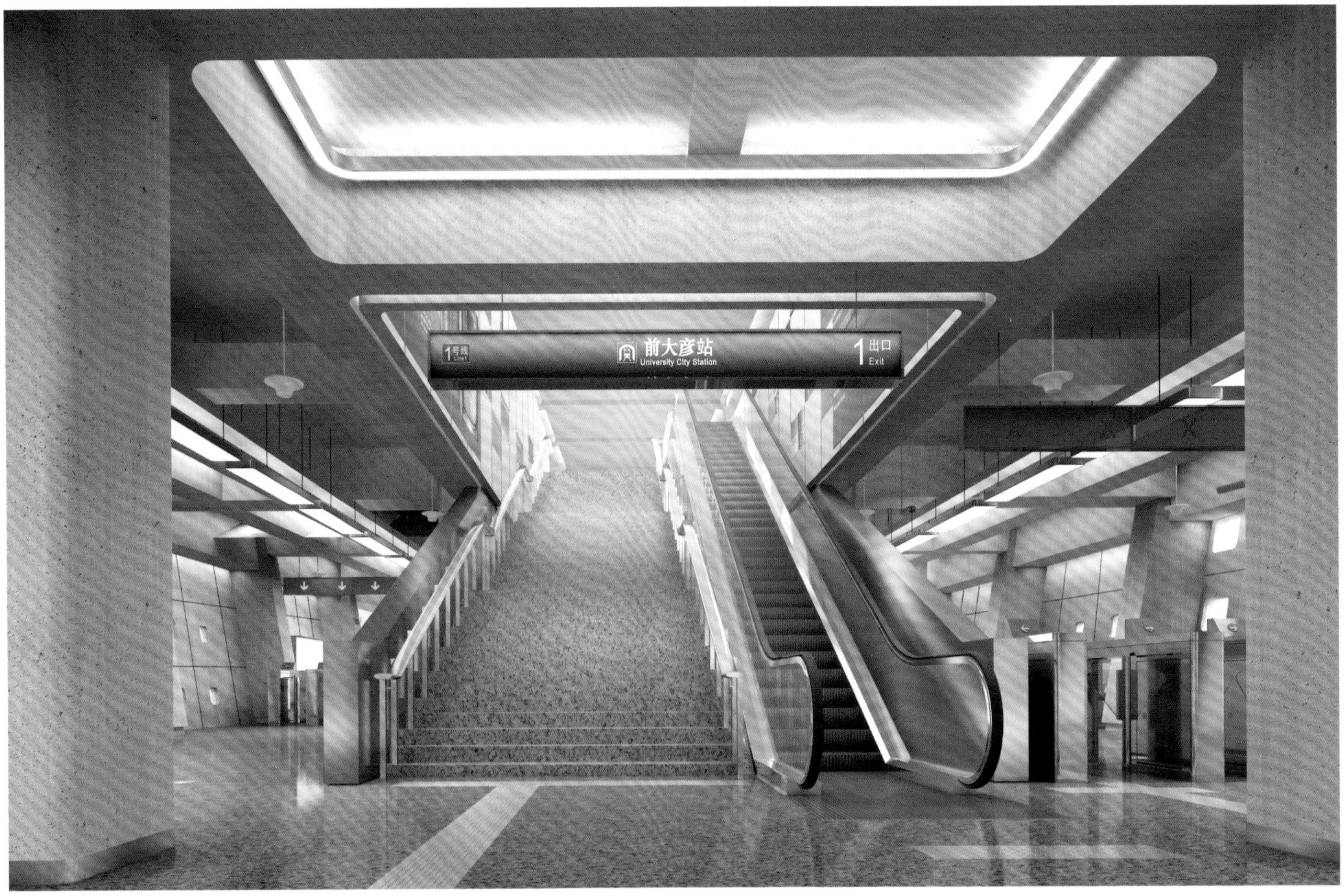
1号线
前大彦站
University City Station
1 出口
Exit

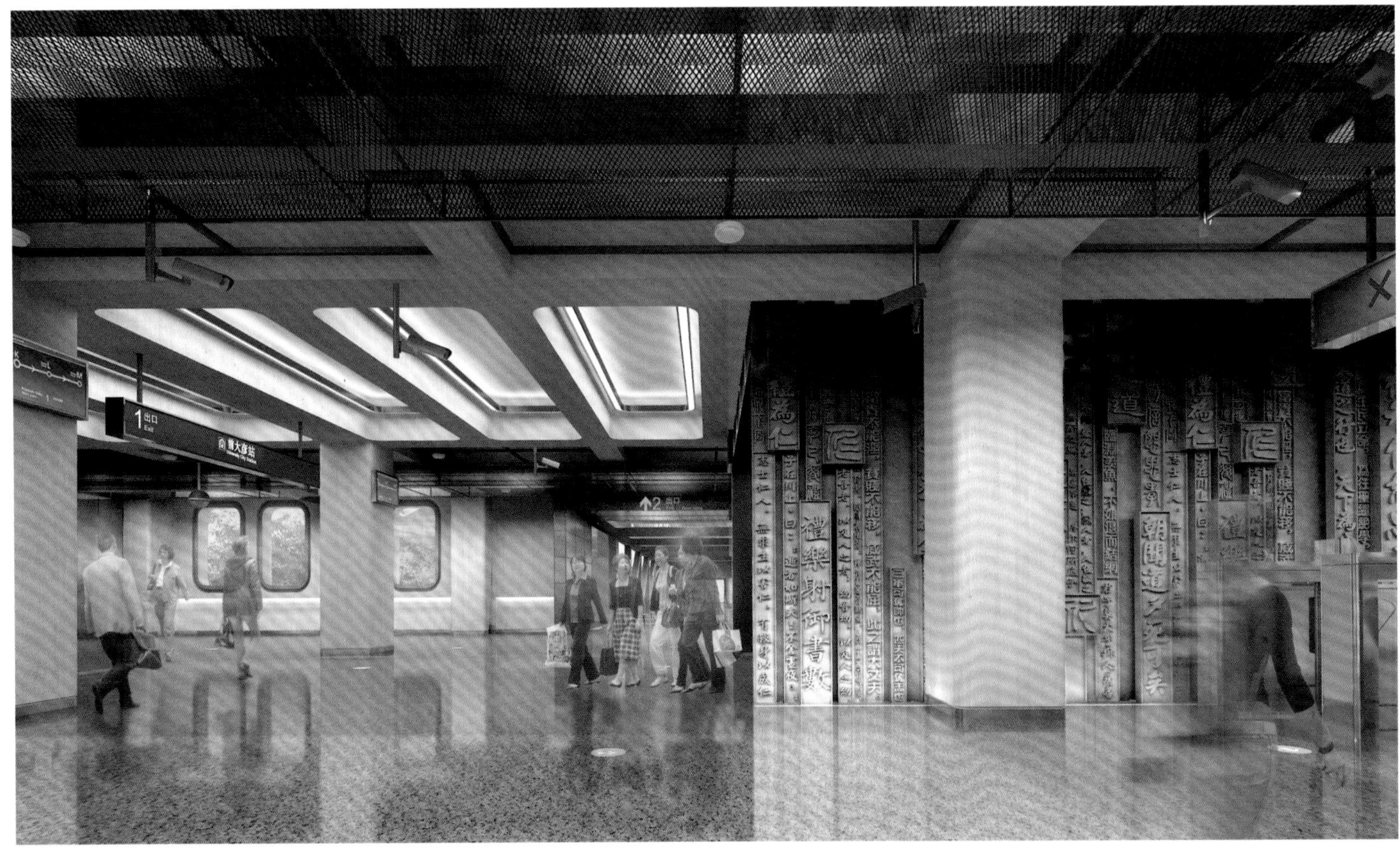

1 出口
Exit
前大彦站

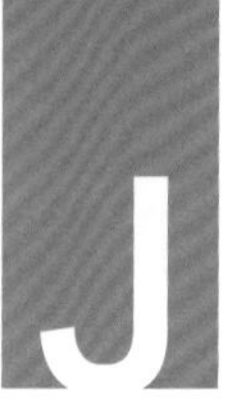

概念创新

铜奖

多鱼吧

设计单位：广西古歌工程设计有限公司
设计主创：韦晓光
项目面积：540 平方米
项目地点：广西南宁青秀区民族大道三祺广场

鱼，始于水，存于天地间。活一世，而不可谓多姿多彩，灵动水中，才是存在的意义。餐饮空间，既是多变的，又是不变的。多变的是，人来人往，不同的目的。不变的是，无形之间，达成的默契，舒服地吃点东西，娱乐消遣。从早至晚，客人的需求不尽相同。如何满足不同时段内客人的需求，便是多鱼吧的价值所在。

项目定位：如何将餐饮服务与高科技相结合，一直是业主思考的问题。打造一个真正意义上的互联网科技跨界主题吧便是多鱼吧追求的目标。

空间意境：随着经济的发展和人们品位的提高，餐厅的格调提升了不止一个档次，而餐厅是一个开放性和私密性并重的区域，在空间设计上，以暗色调为主，然后用灯光将空间层次剥离出来，以便每位光临餐厅的客人都能拥有自己的一方小天地。

空间布局：原场地是一块很标准的长方形，地理位置优越（右上角入口处便是地铁出口），因此设立一个即食的吧台和蛋糕柜台是十分必要的。前台位于餐厅中轴线，左右两侧都可进入餐厅，整个用餐区的布局由外至内分别对应早晚经营区域，不同的区域还用隔断进行区隔，便于清理打扫。厨房也经过重新规划，针对烤鱼这一招牌特色菜进行专门设计，空间的使用功能更加合理。

设计选材：打破常规的设计，以钢结构为主体，辅以木器。在静谧中引入一股暖流，让客人安静下来。上午，坐在吧台，品味茶点。中午，约三五好友，共享美食。晚上，和家人一同欢度。凌晨，与知己对坐，畅聊人生。

金奖
柒柒茶堂

设计单位：湖南美迪装饰 · 赵益平设计事务所
设计主创：唐亮、李刚
项目面积：750 平方米
项目地点：湖南益阳当代主义茶堂
主要材料：黑矿石、茶树枝、原木柱、原木板、黑钢板、黑铁丝网

该项目是位于益阳的一个私人茶会所，主营黑茶。巧合的是，投资方和管理方都是 1977 年生人，所以取名“柒柒茶堂”。空间设计以黑色为主调，体现黑茶文化的幽静、醇厚、大气，诠释当代设计审美观。同时，采用基本的形态组合，通过自然生态的基本素材来体现空间设计的精、气、神。材质中的茶树枝即便是空间的一个点睛之笔，茶树枝的重新加固、穿插组合，有序也无序，有虚亦有。从规划到陈设，均融入东方茶元素，更凸显了空间的优雅与厚重。

空间设计运用当代设计美学。入口处光线深邃，走廊上的茶树枝让光线变得毫无秩序，搭配柔美的黑网丝和黑石块，承丰壤之滋润，地钟气和，天独垂青，真实与虚幻的重构，呈现出现代时尚的形象，摆脱了传统美学的束缚，营造了和谐宁静的空间意境。

品茶论道堪称人生在世的一件快意之事。品红尘不需言；一花一树一菩提，味尝百宗无苦甜。柒柒茶堂旨在让一切回归本质，聆本意，释本质，唤醒自我对本质之美的感悟。

银奖

可人艺术馆

设计主创：欧思君、张月太
参与设计：郭轩宇
项目面积：480 平方米
项目地点：湖南邵阳洞口县

该项目是著名艺术家彭可人女士的住宅、工作室、美术馆，位于湖南省邵阳市洞口县，地处主要风景区，正前方能遥看山体的天然景观。它并非公共建筑，也不是完全意义上的私人空间。建筑既要提供相对安静的创作空间，又为来访者提供怡静而深邃的文化体验。各种空间元素自然融合、清晰可见；简洁的线条可达深渊的意境；纹理质朴，却可传古雅之韵。生活的美学，在室宇之内沉淀，有如木，无声却有声。

银奖
泉州中兴现代影城

设计单位：福建博影设计有限公司
设计主创：李宏、林鑫
设计团队：李宏、王其飞、林鑫、王咸飞、谢华柯
项目面积：2000平方米
项目地点：福建泉州丰泽区现代家具广场第四层
主要材料：维纳斯灰大理石、香槟金不锈钢、水泥板、深灰色乳胶漆、聚酯纤维吸音板

泉州，地处福建省东南部，北承福州，南接厦门，东望台湾宝岛。丰泽区是泉州市下辖的中心城市核心区，区域总面积126.5平方千米，总人口54.8万。

该项目位于泉州丰泽区中心。如今，电影市场火爆，亿级票房如雨后春笋，层出不穷，各种电影备受年轻观众的青睐。年轻人生活节奏快，行走轨迹千篇一律，渴望特立独行，追求精致的细节和强烈的视觉冲击。

该项目采用高级灰和腾黄色块来营造空间体块感和层次感；墙面较大面积运用维纳斯灰大理石，香槟金不锈钢于细节处分块点缀，提升了空间的整体品位，使其于强烈的视觉冲击中值得细细品鉴。

SELLING AREA
卖品区
TICKET CHECK

6
8
The auditorium
IMAX

7
The auditorium
Exit

СТАЛИНГРАД

银奖

国盛书院

设计单位：绣花针艺术设计有限公司
设计主创：张震斌
设计团队：贺则当、张志娟、郭靖、赵磊、段俊峰、吴鑫飞
项目面积：4000 平方米
项目地点：北京亦庄
主要材料：京砖、榆木饰面、青砖切片、白色肌理漆、铜板、宣纸

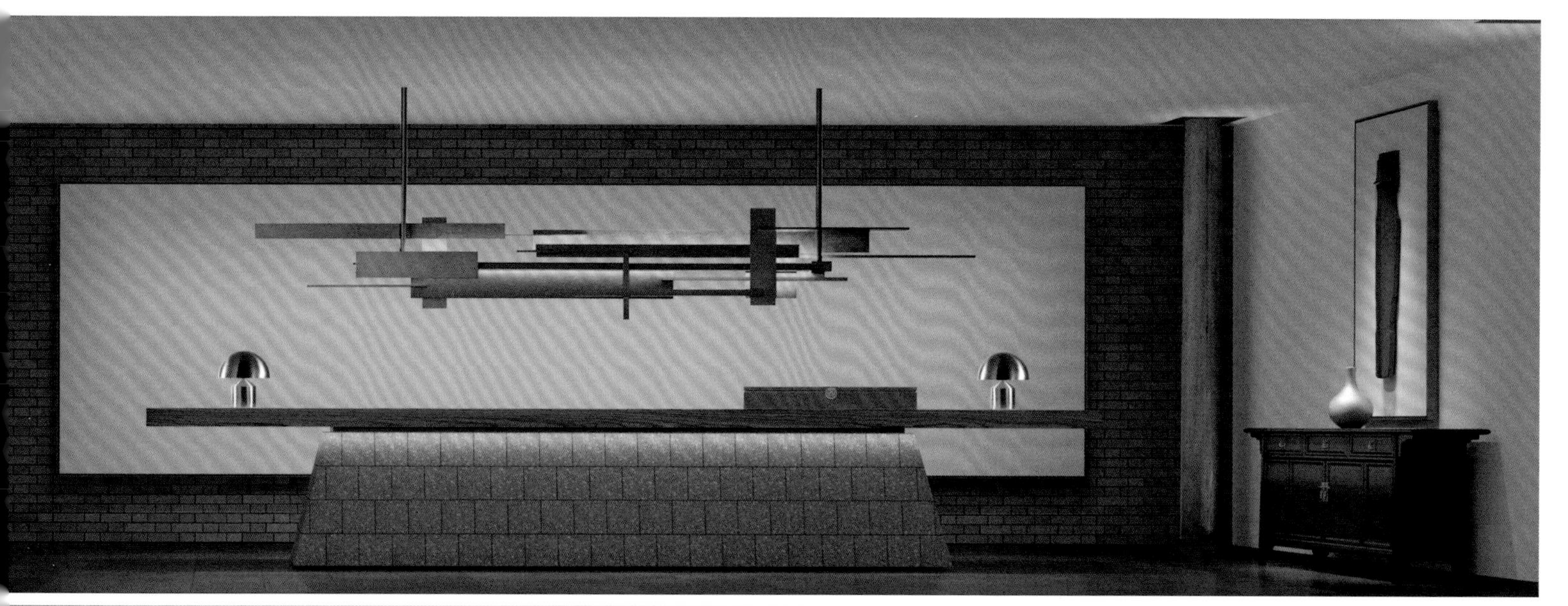

如果说中国文化的精髓是把形而上落实到形而下的生活哲学，那么国胜书院正是其最理想的演艺平台。焚香、煮茶、抚琴、棋弈、读书、挂画、听曲、赋诗、赏味、插花，乃传统中国文人之雅事。空间设计通过艺术化的行为和手段，转换参与者之心境及精神意趣。国盛书院正是这样一处雅地。

该项目的空间设计在本质上展示了一种生活方式，在肯定实用功能元素的基础上，用多元化的形式赋予空间人格和情感。即便是瞬间的感知，也能激荡出永恒。诗词歌赋，琴棋书画，山鸣林啸，煮酒烹茶，乃中国人骨子里的生活情趣。空间设计力求在现代情境中再现中国人的精神面貌和文化情怀，在当今物质社会中寻找一种古时儒雅自在的精神状态。

在空间设计中，摒弃烦琐无意义的装饰和材料，以建筑的组织构架和空间的尺度处理来找寻空间的美。朴素敦实的京砖铺地，楠木柱和柱础尽显中式风格的精神底蕴，搭配乳胶漆、宣纸、榆木等简单的材料，形成了儒雅自然且充满人文情趣的室内空间。

铜奖

构筑空间

设计单位：鸿扬家装
设计主创： 王炯丰
项目面积：100 平方米
项目地点：湖南长沙

“只有当一切都是局部对整体如同整体对局部时，有机体才是活生生的。”

设计师一直想打造一个空间，隔与不隔，开放与半开放。该空间设计使用木材等天然材质；在手法上，线与线的结合，线与空间的结合，空间与大自然的结合，浑然一体，相映成趣。

铜奖

安徽大别山御香温泉

设计单位：苏州金螳螂建筑装饰股份有限公司

设计主创：张春磊

“山之南山花烂漫，山之北白雪皑皑，此山大别于他山也”。

崇山峻岭，山间溪水长流，动静结合。平面布局结合建筑的流线特色，流畅的线条和规整的布局，营造了优雅精致的空间意境，令人身心放松。

森林，流水，阳光，空气，完美地阐释着温泉的空间意境。

大自然中的一石、一水、一草、一木共同营造了现代中式的空间意境，彰显出闲适清新的文化理念和设计品位，并将其贯穿于温泉的空间规划中。

在温泉的空间设计中，历史与现代碰撞，自然、人文与建筑融合，朴素与奢华共存。

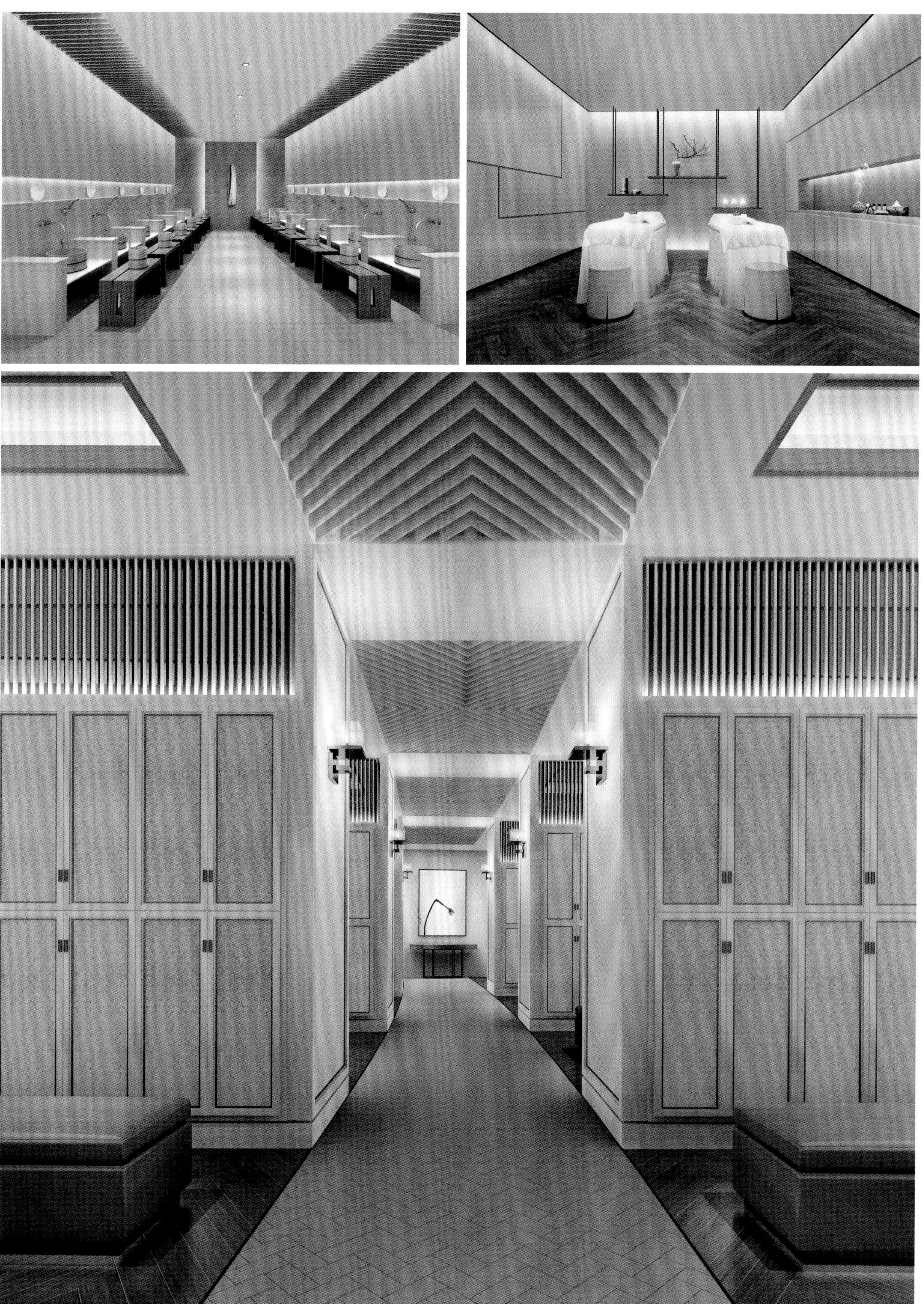

铜奖

白居忆

设计单位：鸿扬家装
设计主创：寇准
项目面积：200 平方米
项目地点：湖南长沙望城
主要材料：素水泥、青石、竹板

这栋坐落于长沙市望城北郊的仓库建于20世纪，随着城市的发展而逐渐衰败，因为时间久远，很多地方破旧不堪，但业主对此地怀有万般情愫，家族世代经商，仓库是祖辈传下来的，业主从儿时起经常与伙伴在附近玩耍，仓库承载着儿时的记忆。附近的很多房屋历经拆迁已不复存在，业主希望把仓库保留下来，作为儿时回忆的存放之处。

空间设计力求打破传统的复古中式风格，运用现代极简的手法，彰显中式情怀，不复杂，不烦琐，令人心旷神怡。由此，设计师重新进行空间定位，保留房屋的主体结构，局部加以改造，增加门厅部分，利用“回”字形梁柱，营造层次丰富的光影效果。室内的水泥墙面与大面积的竹质屏风带给人沉静温暖之感，尽显素雅简约的空间气质，同时与静谧的水池相得益彰，远离闹市的喧嚣与纷杂。生活在光影的明暗中，简约朴实，又广阔无边。

空间设计运用大面积的留白，如中国画的白描，只勾画轮廓，以最简单的方式呈现居室余白之美，注重物品的简素之美，舍弃一切烦琐，这里的生活简单、清爽、自由自在，在紧张的工作之余，体味满满的回忆，畅想精彩的人生。

银奖

雄黄矿纪念馆

设计单位：鸿扬家装
设计主创：张月太、蒋栋梁
项目面积：2000 平方米
项目地点：湖南石门县雄黄矿
主要材料：麻石、素水泥、青石、铁锈板

湖南雄黄矿，堪称一座有 1500 年开采历史的“亚洲最大雄黄矿”，冶炼出砒霜、硫酸和用来制造鞭炮、药材的雄黄粉。丰富的矿产资源带给国家和当地居民丰厚的经济收益，却也在人们环保意识薄弱的情况埋下了“砷中毒” 的种子。曾经，这里的一切都是含毒的：村中无人摘拾而坠落腐烂的柚子，只有茅草能够生长的昏黄山头，不能饮用和洗濯的河水，被砒灰腐蚀而失去繁育能力的土地。甚至逝者坟墓的砌石，也显露着雄黄的暗红。

悲剧不断上演，给当地政府敲响了警钟。2011 年，雄黄矿场被依法关停，针对环境治理及周边居民的医疗救助体系等问题，当地政府正在努力实现“破题”。这座建在矿区磺溪河边的“雄黄矿纪念馆”，旨在让生活在这片土地上的人们铭记过去的伤痛，“逝者已矣，生者如斯”。生活在这里的人们，为改变生活现状而付出的努力，为保持尊严而付出的努力，像附着在土地边缘又无人问津的青苔一样，永远不会消失……

“雄黄矿纪念馆”建在磺溪河边原先一座厂房的旧址上，与村庄隔河相望。建筑分为两部分。第一部分为雄黄矿纪念馆，为上下两层，入口设在一层，长长的走道不设栏杆，旨在让人们见到脚底的雄黄矿遗迹，仿佛自己处在那个危险境地，切身感受压抑和紧张。来到楼下，光线微弱，楼层低矮，墙面上的色彩质地浑厚，凹凸不平的青石地面上还残留着雄黄矿粉的印迹，意在让人们记住那段惨痛的历史，记住逝去的故人，激发对美好生活的向往，为了生活、为了尊严而不断努力。第二部分为村民活动文化中心，设有图书室、网络室及文教中心，为留守在村里的老人和孩子提供学习、文娱的良好环境。

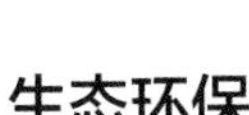

银奖

承宅

设计单位：北京山乙装饰工程设计有限公司
设计主创：王杰、李沛
参与设计：匡颖智
项目面积：200 平方米
项目地点：北京怀柔卧龙岗村
主要材料：钢架、玻璃、水泥

该项目位于北京北部，" 怀柔为邑，崇岗叠嶂，绵亘千里 " 说的便是这里。以著名的万里长城为界，怀柔北依群山，南偎平原，层次鲜明地分为深山、浅山、平原三类不同的区域，地理位置优越，物产丰富。项目设计的初衷与身为摄影师的业主的职业理念一致，即留住历史上的怀柔，融入现代意境，呈现不一样的自然风光。

这座堪称“摄影师之家”的老房子保留了怀柔房屋的墙体结构，在原生态老房的基础上进行改造，自然生长的石头仿佛为该项目而存在，材质之间的交融与空间透视的冲击将所有形神兼备的造型融入老房子中，有动有静。盒子相机的一面背景墙饱含怀柔这座城市的人文情怀，过去的种种场景于不经意间涌入人的脑海。材质的运用完全以生态环保为出发点，尽量就地取材、低碳节能、崇尚自然；整体空间化繁为简，把空间留给空间，还原人文建筑的本质。白天，当阳光洒入，霞光泛起的水波映在墙上，荡漾出优美的旋律，夜幕降临，客厅中原本安静的墙体在投影的作用下瞬间变得丰富多彩，完美地实现了空间转换。

设计趋向简约，不过简约并不代表空洞，反而让特别的地方脱颖而出。简约更不代表贫乏，设计中无须刻意装饰，亦无须选用华丽的材料。返璞归真，实乃一种享受。

铜奖

檐

设计单位：鸿扬家装

设计主创：谢志云、李明

该项目地处湘江之边，曾于 20 世纪八九十年代作为一个水利眺望台，随着社会的发展而逐渐衰败，现在更多的是作为一个废弃的平台，人们闲暇之余在江边走走，看看，钓钓鱼，放松身心。该项目结合空间的功能需求和特殊的地理环境，重新进行改造。在原先的建筑形态之下，屋檐其实可以更好地服务于空间功能，无需封闭的空间，同时清除气候带来的不利影响。在空间结构上，把屋檐的形态具象化，使其更具意境之美。在地面材料的选择上，考虑到这是在江边浅滩之上，故选用具有防水性能的钢结构架空玻璃露台；红色的钢结构与透明的玻璃露台，在潺潺流水的映衬下，更具空间体验之美。

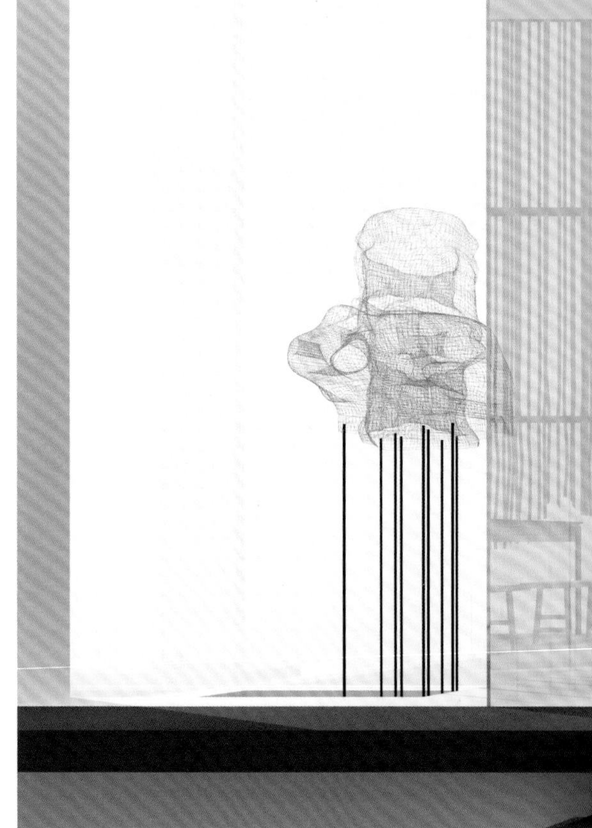

铜奖

日子

设计单位：湖南美迪装饰 · 赵益平设计事务所
设计主创：徐一龙
设计团队：张都、徐亮
项目面积：300 平方米
项目地点：湖南长沙保利林语墅
主要材料：竹篾、发光软膜、自流平、钢化玻璃、自流平、石材

生活在繁杂多变的世界已是烦扰不休，简单自然的生活空间让人身心舒畅，感到宁静和安逸。在该项目设计之初，设计师希望从点、线、面等不同的角度，采用自然简单的环保材料装饰空间。因此，温馨自然的竹子贯穿整个空间，透过竹篾间隙的光影，形成各式的线条，再利用软膜的特质，营造虚无的云雾，令人倍感清净与闲逸。“舍去、舍去、再舍去，舍到不能再舍的时候，事物的真理、真实的一面就会呈现出来。”空间设计亦可如此。真的需要那么多装饰吗？过度设计比比皆是。由此，从前的条凳、钢丝制作的雕塑、竹篾制作的屏风等纷纷派上用场，用光影代替装饰。

在空间设计中，保留原有建筑的规划初衷，使用最原始、最简约的材料，平铺直叙，打造清新自然的一方天地，人人在此享受安逸悠闲的日子。

铜奖

集 M

设计单位：湖南美迪装饰 · 赵益平设计事务所
设计主创：唐桂树、唐鑫宇
项目面积：1000 平方米
主要材料：天然石材、槽钢、 植物纤维、钢化玻璃、钢板

一切从减法开始，去烦冗，留精华，用基础的黑白灰为展览馆定下调性，空间的内部设计不拘泥于一种设计流派和思想，使设计中的框架、结构、空间和色彩显示出多元复合的设计理念；将简约与唯美、清晰与朦胧、真实与虚幻的设计语汇予以消解与重构，在多元复合的结构中建构富有创意的视觉空间，并让整个空间彰显出一定的领域特性。通过简约的手法强调个性，通过简洁的材料创造鲜明的空间形式，通过简单的黑白灰穿插对比，营造现代时尚、层次丰富的空间意象。

整个空间外墙大量运用钢化玻璃幕墙，空间视野开阔，室内与室外紧密联系，交相辉映；铜板、水泥等材料地融入使让空间更加自然质朴；白色的植物纤维通过灯光照射，起到尽龙点睛的效果。骏马雕塑非常引人注目，马在中国传统文化中地位极高，具有积极的象征意义和美好的寓意。同时，骏马在空间中形成了强烈的视觉冲击，并赋予空间无限的力量，尽显“阳刚之气”。总体而言，空间中的各种材料健康环保，契合了“可持续发展”的设计宗旨。

第二十届中国室内设计大奖赛优秀作品集

A COLLECTION OF GREAT WORKS FOR
THE 20TH CHINA INTERIOR DESIGN GRAND PRIX

入选奖

印象楠溪江

设计单位：浙江视野环境艺术装饰工程有限公司

设计主创：王挺、章克伟

如景雅韵精品酒店

设计单位：哈尔滨唯美源装饰设计有限公司

设计主创：辛明雨

花语堂民宿

设计单位：上海品匀室内设计工程有限公司

设计主创：郑凯元

桂林阳朔半山云水精品酒店

设计单位：广东星艺装饰集团股份有限公司桂林分公司

设计主创：陆勇

参与设计：袁溶

杭州国际博览中心北辰精品酒店

设计单位：杭州国美建筑设计研究院有限公司

设计主创：李静源

参与设计：叶坚、胡栩、朱利峰、周媛、彭文辉、罗宝珍、王丰

济南鲁能希尔顿酒店

设计单位：上海现代建筑装饰环境设计研究院有限公司

设计主创：庄磊、龚彦敏、李辉

洛阳天成一品茶餐厅

设计单位：福州广度建筑装饰工程有限公司
设计主创：杨荣
设计团队：刘青、施家星、魏文斌、林秀霞

久食居餐厅

设计单位：壹玖捌陆空间设计
设计主创：罗丹
参与设计：吕俊怀

想得美餐厅

设计单位：AOD 合作设室内创意设计机构
设计主创：卢忆

雨中曲——钻石中心折伞餐厅

设计单位：北京清石建筑设计咨询有限公司
设计主创：李怡明、周全贤

商丘小满餐厅

设计单位：河南鼎合建筑装饰设计工程有限公司

设计主创：孙华锋

设计团队：孔仲迅、白雪、杜娇、鼎合设计

山非山，水非水——牛牛西厨

设计单位：HONidea 硕瀚创研

设计主创：杨铭斌

Teafunny 泡茶店

设计单位：上海缤视室内装饰设计有限公司
设计主创：黄文彬

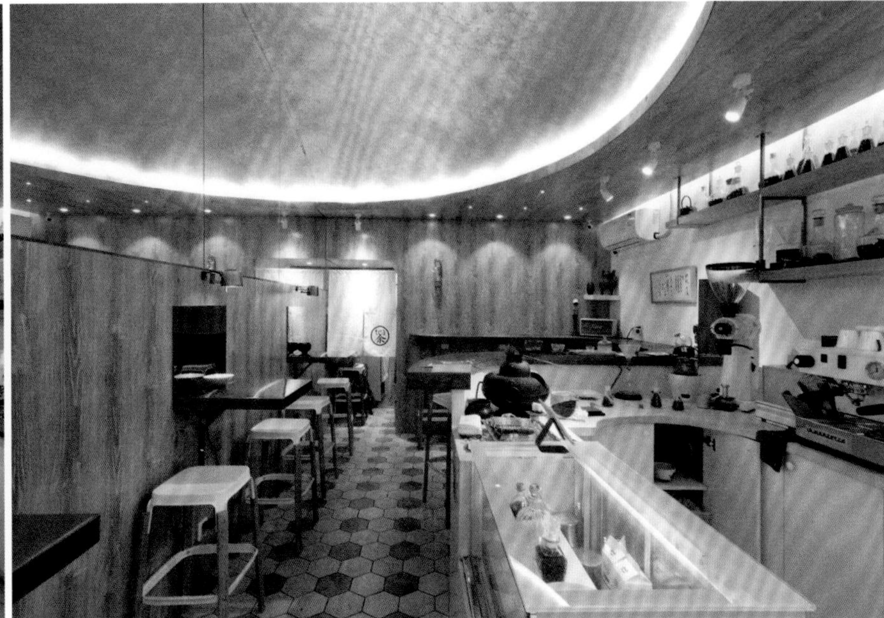

绅蓝

设计单位：上海缤视室内装饰设计有限公司
设计主创：黄文彬

Le Coq 酒馆

设计单位：个人工作室

设计主创：孙雅馨

渔铺 · 新排挡

设计单位：一亩梁田设计顾问机构

设计主创：曾伟坤

设计团队：曾伟锋、李霖

英巴客餐厅

设计单位：新疆建筑科学研究院（有限责任公司）
设计主创：党胜元
设计团队：欧阳佩文、何栋

十七门重庆老火锅

设计单位：蓝色设计
设计主创：乔飞

上海天禧嘉福酒店自助餐厅改造设计

设计单位：上海希玛室内设计有限公司
设计主创：邹俊波
设计团队：陈中伟、杨婷

雾霾形色

设计单位：顺轩 · 见筑设计事务所
设计主创：马浩轩、关顺

山里城外

设计单位：南京丛氏空间设计顾问有限公司
设计主创：胡宁

UN 优鲜馆

设计单位：UN Design
设计主创：徐代恒
参与设计：郝鑫

范生活

设计单位：广西三鸿装饰有限责任公司

设计主创：覃海华

扬州虹料理

设计单位：上瑞元筑设计有限公司

设计主创：孙黎明

设计团队：耿顺峰、胡红波、徐小安、陈浩

徽味素情

设计单位：杨毅装饰设计有限公司
设计主创：杨毅
设计团队：汤伟、李君强

一阑牛肉面

设计单位：叙品空间设计有限公司
设计主创：蒋国兴

迈博梦西贡

设计单位：深圳迈博设计咨询有限公司
设计主创：HOO KHUEN HIN

永庆坊

设计单位：道胜设计
设计主创：何永明
设计团队：道胜设计团队

柴门·柴悦中餐厅

设计单位：成都猫眼设计有限公司
设计主创：蒙芽
设计团队：杜春明、易成文、卞蓉

清叶割烹料理店

设计单位：泉州结禾装饰设计有限公司
设计主创：蔡荣伟
设计团队：林海

简园

设计单位：洛阳壹舍装饰设计有限公司
设计主创：熊文印
设计团队：冯旭凯、张可

草木茶舍

设计单位：HSD（佛山）黄氏设计师事务所
设计主创：黄冠之、黎敢康
参与设计： 梁永祥

FOOOO 孚乐里餐厅 · 酒吧

设计单位：成都筑焱建筑设计咨询有限公司

设计团队：叶汀桂、付艺璐、贾川、周曾妮、陈啸峰、范斌

黄粱一孟

设计单位：长沙市雨花区水木言空间室内设计室

设计主创：梁宁健

参与设计：金雪鹏、周剑锣

渝江记忆

设计单位：郑州青草地装饰设计有限公司

设计主创：李君岩、直涵明

洛阳华阳 · 时光吧

设计单位：郑州弘文建筑装饰设计有限公司

设计主创：王政强、苏四强

设计团队：仲唯伟、胡贺阳、孙婉婷

剧会 · 文创音乐集合店

设计单位：河南壹念叁仟装饰设计工程有限公司
设计主创：李战强
设计团队：李浩、林文昌、卫旭鸽

信阳小馆

设计单位：河南壹念叁仟装饰设计工程有限公司
设计主创：李战强
设计团队：李浩、林文昌、卫旭鸽

你看起来很好吃！

设计单位：杭州大尺建筑设计有限公司
设计主创：李保华
设计团队：沈圆

毕德寮餐厅

设计单位：广州在目装饰工程有限公司
设计主创：钟华杰、许声鹏
参与设计：杨俊辉、危砚绎、黄芳伶

肇庆似水流年音乐生活馆

设计单位：广州品龙装饰设计有限公司
设计主创：龙志雄
参与设计：关远传

自由者健身

设计单位：广西古歌工程设计有限公司
设计主创：韦晓光

贵阳爱派音悦汇 KTV

设计主创：曾涛

Mandara Thai 水疗中心

设计单位：重庆圆太室内设计有限公司

设计主创：夏朗

参与设计：李志国

成都少城记忆

设计单位：成都之境内建筑设计咨询有限公司
设计主创：王孝宇、廖志强
参与设计：陈全文、颜宇杭

中粮祥云国际展示中心

设计单位：深圳派尚环境艺术设计有限公司
设计主创：周伟栋
参与设计：林立容

福建泉州 · 保利城销售中心

设计单位：尚诺柏纳空间策划联合事务所

设计主创：王小锋

书山行迹——文华书城

设计单位：广州在目装饰工程有限公司

设计主创：钟华杰、许声鹏

设计团队：杨俊辉、黄芳伶、危砚绎

顺德·春江名城售楼部

设计单位：广州市本则装饰设计有限公司

设计主创：本则创意（柏舍励创专属机构）

设计团队：常永远

建业春天里售楼部

设计单位：蓝色设计

设计主创：乔飞

“自由 +”概念展厅

设计单位：铭鼎空间艺术工作室

设计主创：金丰

泰禾南京院子售楼处

设计单位：上海乐尚装饰设计工程有限公司

设计团队：何莉丽、周平

实地海棠雅著售楼处

设计单位：深圳市布鲁盟室内设计有限公司

设计团队：邦邦 、田良伟

幸福的悦汇——悦汇天地美陈设计

设计单位：广州大学纺织服装学院

设计主创：乔国玲

华创国际——环球金融中心国际 5A 甲级写字楼

设计单位：深圳市科源建设集团有限公司
设计主创：吴峰
参与设计：彭小兰

绿城·桂语江南售展中心

设计单位：杭州意内雅建筑装饰设计有限公司
设计主创：idG·意内雅设计
参与设计：朱晓鸣.裘林杰

广州金融街融御营销中心

设计单位：上海曼图室内设计有限公司

设计主创：董恩弢

留白

设计单位：福建漳州明居装饰设计有限公司

设计主创：林嘉诚

参与设计：陈治谋

欧绎汇精品展示中心

设计单位：南京万方装饰设计工程有限公司
设计主创：吴峻
参与设计：朱珂璟

圣安娜饼屋华南旗舰店

设计单位：广州在目装饰工程有限公司
设计主创：杨俊辉、许声鹏
参与设计：钟华杰、黄芳伶、危砚绎

移动的红盒子——Circle K 香港旗舰店

设计单位：广州在目装饰工程有限公司
设计主创：杨俊辉、许声鹏
参与设计：钟华杰、黄芳伶、危砚绎

映月台

设计单位：道胜设计
设计主创：何永明
参与设计：道胜设计团队

东莞临时售楼中心

设计单位：道胜设计

设计主创：何永明

参与设计：道胜设计团队

德国摩根智能展厅

设计单位：宁波中赫空间设计公司

设计主创：单钱永

参与设计：刘朝科、施泉春

湖南郴州平海九龙湾售楼处

设计单位：广州云谷室内设计有限公司
设计主创：蔡齐各
参与设计：蔡齐各、梁华碧、张晓龙、洪华兴、梁耀友、黄马保、蒙开柳

Drunk Corner Bespoke 时尚先生高端定制

设计单位：宁波矛盾空间设计
设计主创：张苗
参与设计：龚梦、吴曰光

味严春

设计单位：福州造美室内设计有限公司
设计主创：李建光、李晓芳

俏延化妆品 & 第五元素服饰体验店

设计单位：鸿图室内设计有限公司
设计主创：刘兴权

唐山爱琴海购物公园

设计单位：北京清尚建筑设计研究院有限公司
设计主创：曾卫平
参与设计：郭玉聪

四川三台圣桦国际城销售中心

设计单位：深圳慎恩装饰设计有限公司
设计主创：慎国民
参与设计：宋传海、余炳桥

佛山易家生活展示馆

设计单位：广州品龙装饰设计有限公司

设计主创：龙志雄

参与设计：陈晓彤

康桥 · 知园　销售体验中心

设计单位：郑州筑详建筑装饰设计有限公司

设计主创：刘丽、孟祥凯

设计团队：宁静、闵华、唐真

亚新 美好艺境销售体验中心

设计单位：郑州筑详建筑装饰设计有限公司
设计主创：刘丽
设计团队：宁静、闵华、唐真

碧源月湖售楼部

设计单位：河南壹念叁仟装饰设计工程有限公司
设计主创：李战强
设计团队：李浩、林文昌、卫旭鸽

浦东 T1 东航旗舰贵宾室

设计单位：上海现代建筑装饰环境设计研究院有限公司

设计主创：宋海瑛、张国恺、尹洁廉、祁辰黎

金沙不纸书店

设计单位：上海晰纹与洋建筑设计有限公司

设计主创：郭晰纹

设计团队：吴耀隆、吴宁丰

植言片语

设计单位：成都壹牛装饰工程有限公司
设计主创：曾婧
参与设计：张勇

广州·保利（横琴）创新产业投资管理有限公司

设计单位：尚诺柏纳空间策划联合事务所
设计主创：王小锋

宝信行政公馆

设计单位：福州半山装饰工程设计有限公司
设计主创：周通
参与设计：黄世财

MR.F 联合办公空间

设计单位：四川中英致造设计事务所有限公司
设计主创：赵绯
参与设计：肖春

深圳华皓汇金资产管理有限公司

设计单位：广州柏舍装饰设计有限公司
设计主创：柏舍设计（柏舍励创专属机构）

CHY 设计公司总部办公室

设计单位：广西陈鹤一室内设计有限责任公司
设计主创：陈鹤一
设计团队：杜双梅、张建文、卢程、谢春林

间 · 割

设计单位：耀锡设计工作室

设计主创：庞耀锡

设计团队：何秀婷

SINOTOP 办公室

设计单位：南京登胜空间设计有限公司

设计主创：陶胜

设计团队：蔡辉

博物馆之夜

设计单位：凡本空间设计事务所
设计主创：李成保

办公的新选择

设计单位：凡本空间设计事务所
设计主创：李成保

方隅竹所

设计单位：无为素造空间设计
设计主创：吴伟龙

医疗科技机构安可济总部

设计单位：斗西设计
设计主创：斗西
参与设计：艾米伊（Amiee）

韵域

设计单位：南京丛氏空间设计顾问有限公司

设计主创：丛宁

丰番农场办公展厅

设计单位：煦石设计咨询

设计主创：汪俊辉

南舍

设计单位：福州尔纽建筑有限公司
设计主创：张源

绿野仙踪

设计单位：SGM SPACE 设计咨询机构 · 御禾装饰
设计主创：上官民

五十度北欧

设计单位：四川铜镜空间有限公司
设计主创：罗艳
参与设计：李梦蕾

叙品空间设计办公室

设计单位：叙品空间设计有限公司
设计主创：蒋国兴
参与设计：李海洋、王庆、单富彬、钟建敏、孙小雅、冉俏

苏州柒设计中心

设计单位：苏州柒设计中心
设计主创：赵智峰
参与设计：莫华东

苏州三丰纺织厂办公空间

设计单位：苏州柒设计中心
设计主创：赵智峰
参与设计：莫华东

苏州隆力奇办公空间

设计单位：苏州柒设计中心
设计主创：赵智峰
参与设计：莫华东

青岛海尔全球创新模式研究中心

设计单位：北京建院装饰工程有限公司
设计主创：张涛、曹殿龙
参与设计：刘山林、高伸初、王盟、王宝泉

厦门观音山鸿星尔克营运中心

设计单位：美格美典（厦门）装饰工程有限公司

设计主创：王斌

公·室

设计单位：鸿扬家装

设计主创：李艳、刘志华

参与设计：宋万益

禅智鹤隐——扬州墓园办公空间

设计单位：南京林业大学
设计主创：耿涛
参与设计：魏迪沙、华欣欣

浦东市民中心对外服务窗口

设计单位：上海现代建筑装饰环境设计研究院有限公司
设计主创：王传顺、朱伟、焦燕、饶显

绿地南京企业服务平台

设计单位：上海曼图室内设计有限公司

设计主创：董恩弢

阿里巴巴智慧联合办公空间

设计单位：成都多维设计事务所

设计主创：张晓莹、范斌

参与设计：丁学永

深圳怡亚通物流办公楼

设计单位：广东思拓空间设计顾问有限公司
设计主创：施炜

设计空间的意念表达

设计单位：佳木斯豪思环境艺术顾问设计公司
设计主创：王严钧、王严民

设计聚合办公室

设计单位：设计聚合
设计主创：任天、黄明健
设计团队：李萌、姚桂强、黄婷婷

徐汇区南宁路 969 号、999 号

设计单位：上海现代建筑装饰环境设计研究院有限公司
设计主创：朱莺、江涛、朱成龙、吉江峰

目后 MuHu

设计单位：温州目后空间设计
设计主创：夏克进
参与设计：方远远

东木大凡空间设计办公室

设计单位：湖南东木大凡空间设计工程有限公司
设计主创：陈江波、李江涛、王湾
设计团队：李维、黄理君、许鸾权、晏阳

天安中心办公室

设计单位：佛山马思室内设计有限公司
设计主创：谢法新

初彩

设计单位：南京登胜空间设计有限公司
设计主创：陶胜
参与设计：蔡辉

尚纶纺织展示空间

设计单位：广州大凡装饰设计工程有限公司
设计主创：俞骏

立方米综合活动中心

设计单位：桥空间设计
设计主创：郑腾晋

乐清大剧院

设计单位：杭州国美建筑设计研究院有限公司

设计主创：张哲

中国西部国际博览城

设计单位：中国建筑西南设计研究院有限公司

设计主创：张国强、廖卫东

设计团队：安康、胡珊珊、李竹、蓝天、刘馨遥、牟利微、饶强、熊力、肖巍

美好家生活现场

设计单位：上海美好家实业有限公司
设计主创：杨菁

漆之韵

设计单位：择木创建室内设计有限公司
设计主创：黄锋

鼓岭·大梦

设计单位：福建鼎天装饰工程有限公司
设计主创：黄婷婷

桐庐城市规划展示中心

设计单位：上海风语筑展示股份有限公司
设计主创：由栋栋
参与设计：刘骏

南开大学新校区（津南校区）图书馆

设计单位：天津建筑设计院
设计主创：张强、王欣
参与设计：陈平、冯佳、王琦、陈乃凡、郑兆父、沈婧旸、孟凡宇

中国中元国际工程有限公司北京总部办公楼

设计单位：中国中元国际工程有限公司
设计主创：丁建
设计团队：陈亮、赵颖、郑嵩、王艳洁、吴海颖

北京亦城财富中心办公楼

设计单位：中国中元国际工程有限公司

设计主创：陈亮

参与设计：张凯、俞劼、张羽飞、周蓓、胡海涛、侯文静

C-BEAUTY

设计单位：佛山市顺德区方楠设计顾问有限公司

设计主创：苏智敏

少昆艺术培训机构

设计单位：新空间室内装饰设计组
设计主创：唐海波
设计团队：刘杰、徐斌

普瑞眼科医院合肥总部

设计单位：中国中元国际工程有限公司
设计主创：陈亮
设计团队：张凯、宋久明、陈梦园、余娜、田浩、张红霞、胡海涛、朱轩

美若肌肤管理中心

设计单位：极道设计

设计主创：王泽源

桃花幼儿园·厚朴园

设计单位：湖南经华空间设计工程有限公司

设计主创：易辉、徐经华

设计团队：杨雯鑫、麻佳丽

北师大幼儿园·青橄榄园

设计单位：湖南经华空间设计工程有限公司
设计主创：易辉、徐经华

上海科技大学新校区·物质学院

设计单位：上海现代建筑装饰环境设计研究院有限公司
设计主创：黄斌、侯晋、孙超

云南玉溪河外小学第三空间“卓域楼”

设计单位：深圳市创域艺术设计有限公司

设计主创：殷艳明

参与设计：万攀

廊桥 · 静境

设计单位：苏州松艺设计事务所

设计主创：韩松言

All in Good Taste

设计单位：STUDIO.Y 余颢凌事务所

设计主创：余颢凌

设计团队：杨超、阴倩

北京壹号庄园别墅 · 细木韵闲阁

设计单位：大伟室内设计（北京）有限公司

设计主创：罗伟

凯德公园样板房

设计单位：深圳派尚环境艺术设计有限公司
设计主创：周伟栋
参与设计：游涛

北京 · 保利首开天誉别墅

设计单位：尚诺柏纳空间策划联合事务所
设计主创：王小锋

素净

设计单位：福州乐维空间设计事务所

设计主创：范敏强

心居

设计单位：HONidea 硕瀚创研

设计主创：杨铭斌

南京仁恒样板房

设计单位：香港圣黛芬妮家居
设计主创：周戟圣
参与设计：周雷

醉美季

设计单位：成都龙徽工程设计顾问有限公司
设计主创：唐翔
参与设计：李丽珊

清静

设计单位：三人行意境空间设计机构
设计主创：董然
参与设计：倪佳

中山龙山华府 19#1901 样板房

设计单位：广州柏舍装饰设计有限公司
设计主创：柏舍设计（柏舍励创专属机构）
参与设计：郑松玲

吴宅

设计单位：是合设计研究室

设计主创：龚剑、刘猛

画框里 · 孔雀

设计单位：北京李帅室内设计事务所

设计主创：李帅

MELODY

设计单位：福州国广一叶建筑装饰设计工程有限公司

设计主创：李超

参与设计：朱毅

河南正弘瓴样板间

设计单位：郑州几可空间装饰设计有限公司

设计主创：王宥澄、郭菁

参与设计：何冰、孙节节、许金鸽

九里兰亭——晗晖楼

设计单位：南通奕空间室内设计有限公司

设计主创：宋必胜

参与设计：薛传耀

一处自在

设计单位：福州国广一叶建筑装饰设计工程有限公司

设计主创：陈志曙

参与设计：江伟、陈良铭

稳稳地幸福

设计单位：ACE 谢辉室内定制设计服务机构

设计主创：谢辉

广东广州番禺区大学城星汇文宇 9 栋 1103

设计单位：广东星艺装饰集团

设计主创：吴家春

纯净之家

设计单位：温州华鼎装饰有限公司

设计主创：项安新

参与设计：黄浩翔

银杏汇 A4 户型样板房

设计单位：深圳市布鲁盟室内设计有限公司

设计团队：邦邦 、田良伟

G-box 概念住宅

设计单位：上海曼图室内设计有限公司
设计主创：董恩弢

吴江阿尔法公馆 Loft 复式空间

设计单位：上海曼图室内设计有限公司
设计主创：董恩弢

希望之神

设计单位：成都壹阁设计

设计主创：钟莉

万科翡翠滨江 360

设计单位：SGM SPACE 设计咨询机构 · 御禾装饰

设计主创：上官民（上官旻）

苏州景瑞 247 别墅样板房

设计单位：上海乐尚装饰设计工程有限公司
设计团队：何莉丽 周平

书盈四壁　室无俗情

设计单位：鸿扬家装
设计主创：寇准

记 · 易

设计单位：鸿扬家装
设计主创：杨宣东
参与设计：范国权

亮 · 工作室

设计单位：鸿扬家装
设计主创：张月太

纯时光

设计单位：鸿扬家装
设计主创：肖霖

于宅

设计单位：鸿扬家装
设计主创：张月太

单色居心宅

设计单位：鸿扬家装
设计主创：陆翼捷

东方文德森岛湖绅士 007 样板房

设计单位：广州汉博建筑设计有限公司
设计主创：陈湖
设计团队：吕文略、潘锦滔、郑巧仪、曾楚雯

搪瓷缸 · 从前慢

设计单位：北京李帅室内设计事务所
设计主创：李帅

宁波九唐凤栖院

设计单位：广州奥迅室内设计有限公司
设计主创：罗海峰

第聂河畔的家

设计单位：成都壹阁设计

设计主创：何丹尼

夜空幻想曲

设计单位：四川铜镜空间有限公司

设计主创：罗艳

参与设计：李梦蕾

融侨锦江悦府 · 闲居

设计单位：福州国广一叶建筑装饰设计工程有限公司

设计主创：庄锦星

参与设计：庄惟建

水长城 · 设计师小院

设计单位：北京李帅室内设计事务所

设计主创：李帅

参与设计：刘文涛、张翎

融乐空间

设计单位：佛山顺德区方楠设计顾问有限公司

设计主创：苏智敏

因与果

设计单位：湖南经华空间设计工程有限公司

设计主创：易辉、徐经华

九零后的小伙

设计单位：湖南经华空间设计工程有限公司
设计主创：易辉、徐经华
设计团队：杨雯鑫、欧阳锋

京静思园

设计单位：正德了凡（北京）建筑装饰设计有限公司
设计主创：秦梓丞、梁笑赢
设计团队：刘润泽、陶洁、张韬、张海宾、杨艺鹏

管宅

设计单位：大连纬图建筑设计装饰工程有限公司

设计主创：赵睿

设计团队：黄志彬、刘军、刘方圆、罗琼、伍启雕、袁乐、何静韵、吴再熙

黑白摇曳

设计单位：鸿扬家装

设计主创：赵文杰

写意 · 木构

设计单位：鸿扬家装
设计主创：张瑞

怡和山庄

设计单位：鸿扬家装
设计主创：罗厚石
参与设计：胡锦文

花间堂

设计单位：河南锋尚装饰工程有限公司

设计主创：蔡燕

宋悦 · 居

设计单位：河南锋尚装饰工程有限公司

设计主创：蔡燕

W · HOUSE

设计单位：苏州松艺设计事务所
设计主创：韩松言

亚新 · 橄榄城新公馆 LOFT 复式样板房

设计单位：郑州筑详建筑装饰设计有限公司
设计主创：刘丽、张岩岩

佛山保利云上 · 若竹

设计单位：广州壹挚室内设计有限公司
设计主创：陈嘉君、邓丽司
参与设计：陈秋安

华标峰湖御园 · 山居墅

设计单位：广州壹挚室内设计有限公司
设计主创：陈嘉君、邓丽司
设计团队：贺岚、何颖欣、刘海婷、谢凌思、刘健、魏日祥

深圳财富城新古典样板房

设计单位：深圳慎恩装饰设计有限公司
设计主创：慎国民
设计团队：宋传海、余炳桥

服装设计师之家

设计单位：郑州青草地装饰设计有限公司
设计主创：直涵明

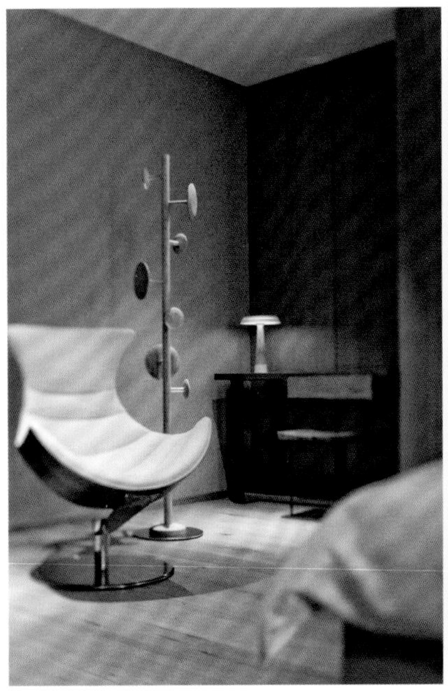

佛山保利云上 · 绿岭

设计单位：广州壹挚室内设计有限公司
设计主创：陈嘉君 邓丽司
参与设计：文斌华

时空与数形

设计单位：汇巢设计机构
设计主创：孙康
参与设计：李一琳

隐忍与克制

设计单位：汇巢设计机构
设计主创：孙康
参与设计：李一琳

调剂

设计单位：物上空间设计机构
设计主创：张建武、蔡天保
设计团队：许振良、李德娟

建业龙城

设计单位：米澜国际空间设计所

设计主创：陈书义

设计团队：张显婷

香河彼岸

设计单位：深圳马斯其尼设计顾问有限公司

设计主创：唐色芳

参与设计：张佩珊

海归派轻奢系居住艺术

设计单位：STUDIO.Y 余颢凌事务所
设计主创：余颢凌
设计团队：刘芊妤、张译丹

中海山湖豪庭地块商墅

设计单位：广州五加二装饰设计有限公司
设计主创：5+2 设计（柏舍励创专属机构）

福州新华都海物会

设计单位：福州国广一叶建筑装饰设计工程有限公司
设计主创：黄日
参与设计：肖艳梅

清汤素斋

设计单位：凡本空间设计事务所
设计主创：李成保

听见松涛

设计单位：凡本空间设计事务所
设计主创：李成保

四川出版传媒中心（财富支点大厦）

设计单位：中国建筑西南设计研究院有限公司
设计主创：张国强、涂强
参与设计：王露、陈由烽、王俊、魏巍

山东荣成市第一中学

设计单位：苏州东田呈文工程设计事务所有限公司

设计主创：杨晨

设计团队：惠鹏程 刁康康

W · WHITE

设计单位：福州国广一叶建筑装饰设计工程有限公司

设计主创：林玉芳

威茨曼上海公司主楼室内装饰

设计单位：上海现代建筑装饰环境设计研究院有限公司

设计主创：谢东、高翡、王岩、许健、张金赫

苏州地铁三号线

设计单位：苏州金螳螂建筑装饰股份有限公司

设计主创：邹勇春 黄海洋

无锡地铁三号线

设计单位：中国建筑西南设计研究院有限公司
设计主创：黄帅 刘俊

光盒作用

设计单位：鸿扬家装
设计主创：赵文杰

“城市之影”精品酒店

设计单位：宜昌鹏程装饰设计工程有限公司
设计主创：曹金军
参与设计：陆文军

友和建筑办公楼

设计单位：EKD 创意联合机构
设计主创：郭迎 李嘉良
参与设计：林彦余

华星光电

设计单位：苏州金螳螂建筑装饰股份有限公司

设计主创：陶才兵、崔成波

云南报业传媒广场

设计单位：苏州金螳螂建筑装饰股份有限公司

设计主创：王剑、戴方会、张东英

广州流花展贸中心商业空间陈设

设计单位：广州汉博建筑设计有限公司
设计主创：陈湖
设计团队：吕文略、潘锦滔、李梓豪、郑巧仪

长春市北湖十一高中学校室内空间

设计单位：哈尔滨工业大学建筑学院、哈尔滨工业大学建筑设计研究院
设计主创：余洋
设计团队：孙锐、王野、位一凡、唐晓婷、王舜尧、张帅、常博文、张诗扬

印象小镇

设计单位：深圳陈榆商业美学空间策划设计有限公司

设计主创：陈榆、梁超

设计团队：梁俊亭、马慧君

叁号地音乐餐厅

设计单位：深圳陈榆商业美学空间策划设计有限公司

设计主创：陈榆、梁俊亭

设计团队：梁超、马慧君

福建龙岩厦鑫博世园住宅

设计单位：福建海艺装饰工程有限公司
设计主创：周玉霞
设计团队：黄乐乐

云游渔家小镇

设计单位：正德了凡（北京）建筑装饰设计有限公司
设计主创：张海宾、张韬
参与设计：刘润泽、陶洁、秦梓丞、梁笑赢、杨艺鹏

身临其境正德茶庐

设计单位：正德了凡（北京）建筑装饰设计有限公司
设计主创：陶洁、杨艺鹏

HOME

设计单位：福州国广一叶建筑装饰设计工程有限公司
设计主创：刘丽红

一个地下室的秘密

设计单位：福州国广一叶建筑装饰设计工程有限公司
设计主创：吴才松
设计团队：刘明、王贵友

鱼山——归去在园林

设计单位：福州国广一叶建筑装饰设计工程有限公司
设计主创：蒋栋梁、张月太
设计团队：郭轩宇

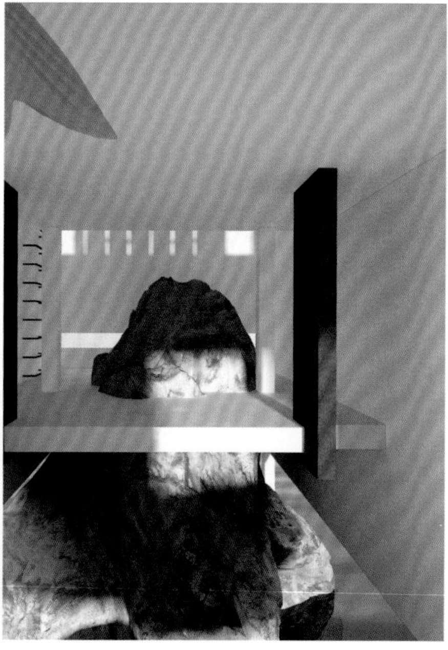

美好家杭州办公室

设计单位：上海美好家实业有限公司
设计主创：杨菁

几合

设计单位：北京山乙装饰工程设计有限公司
设计主创：王志远、王杰

简雅

设计单位：宁德士喆装饰设计有限公司
设计主创：林健

杭州滨江区奥体单元小学

设计单位：浙江大学建筑设计研究院有限公司
设计主创：李静源
设计团队：胡栩、田宁、陈裕雄、张慈、王冠粹、王觅、王丰、罗宝珍

汽车超人

设计单位：杭州岚禾室内装饰设计有限公司
设计主创：饶新华

上海虹桥 GT 酒店改造设计

设计单位：上海现代建筑装饰环境设计研究院有限公司
设计主创：贺芳、黄海涛、朱雁来 钱青云 黄星星 程舜

泰州开泰宾馆

设计单位：苏州金螳螂建筑装饰股份有限公司
设计主创：张学明、唐勇

苏州地铁五号线（苏嘉杭站）

设计单位：上海现代建筑装饰环境设计研究院有限公司
设计主创：王传顺、焦燕、朱伟、饶显

通华科技大厦办公楼

设计单位：上海现代建筑装饰环境设计研究院有限公司

设计主创：王传顺、朱伟、焦燕、饶显

合肥离子医学中心

设计单位：上海现代建筑装饰环境设计研究院有限公司

设计主创：王传顺、饶显、焦燕、朱伟

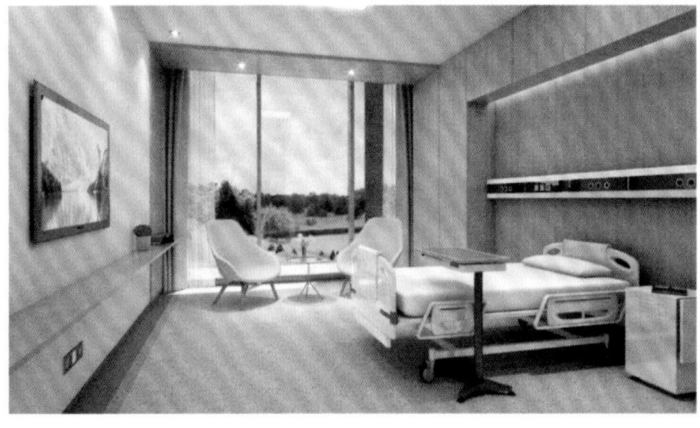

中国航空研究院研发保障基地项目 1 号楼

设计单位：上海现代建筑装饰环境设计研究院有限公司
设计主创：朱莺、崔灿、任意立

江湾区新建医疗用房

设计单位：上海现代建筑装饰环境设计研究院有限公司
设计主创：王传顺、焦燕、朱伟、饶显

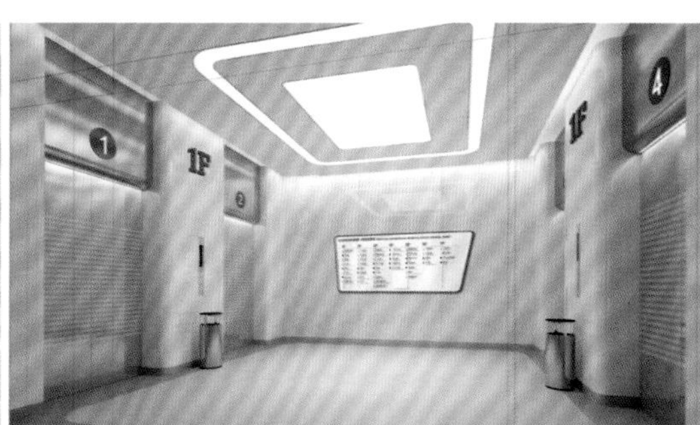

新江湾城精装房

设计单位：上海现代建筑装饰环境设计研究院有限公司

设计主创：王传顺、焦燕、周小瑞、朱伟、饶显

方太理想城

设计单位：浙江大学建筑设计研究院有限公司

设计主创：叶坚

梦中美术馆

设计单位：上海晰纹与洋建筑设计有限公司

设计主创：郭晰纹

设计团队：吴耀隆、杨菁

暖流新秀

设计主创：王施霂

私人会所

设计单位：米澜国际空间设计所

设计主创：陈书义

参与设计：张显婷

印·记

设计单位：朗雅装饰

设计主创：齐琳炜

设计团队：齐晟

轻奢 · 2701

设计单位：广东幸运装饰四川有限公司内江分公司
设计主创：刘洋

中国黄金大厦室内空间

设计单位：上海现代建筑装饰环境设计研究院有限公司
设计主创：文勇、张龙、刘旭、张金赫

江南厨子餐厅

设计单位：河南鼎合建筑装饰设计工程有限公司

设计主创：孙华锋

设计团队：孔仲迅、刘燕青、鼎合设计

陶瓷生活体验馆

设计单位：杭州大尺建筑设计有限公司

设计主创：李保华

华夏霸下村

设计单位：开封市岩风景工程设计有限公司
设计主创：焦岩
设计团队：杨怡元、王金、高伟华

“灵”近致远

设计单位：福州国广一叶建筑装饰设计工程有限公司
设计主创：马昭荣

汉中天汉文化公园 C 区园林艺术酒店

设计单位：苏州金螳螂建筑装饰股份有限公司

设计主创：马京海、李楠

中铁元湾

设计单位：福州国广一叶建筑装饰设计工程有限公司

设计主创：叶智华

中共宜昌市委党校

设计单位：宜昌鹏程装饰设计工程有限公司
设计主创：曹金军、陆文军

苏州“三土居”精品民宿

设计单位：易初设计
设计主创：张鸿勋
参与设计：胡冠宇

侨堂酒店

设计单位：EKD 创意联合机构

设计主创：郭迎、冯超冕

参与设计：钟烨辉

青城山国医馆

设计单位：苏州金螳螂建筑装饰股份有限公司

设计主创：陶才兵、徐筱建

上饶龙潭湖宾馆二期

设计单位：苏州金螳螂建筑装饰股份有限公司

设计主创：张春磊

东江广雅学校图书馆

设计单位：广州营者南方室内设计事务所

设计主创：何杰

合肥地铁四号线室内空间

设计单位：北京城建长城工程设计有限公司

设计主创：周春

参与设计：颉永强

天缘商务酒店

设计单位：成都荣伟装饰设计有限公司

设计主创：叶荣伟

参与设计：罗雪

新疆和田地区博物馆展陈空间

设计主创：曾煜
参与设计：北京永一格展览展示有限公司

郑州二砂厂南配楼室内装饰

设计单位：中国建筑西南设计研究院有限公司
设计主创：张国强
参与设计：王巧怡、周靖人

素·居

设计单位：鸿扬家装
设计主创：曾兵
参与设计：何宇、曾晴

忆墨

设计单位：鸿扬家装
设计主创：张健军
参与设计：谢希琳

园·居

设计单位：鸿扬家装
设计主创：李宏亮

中车长春轨道客车股份有限公司试验数据中心

设计单位：黑龙江国光建筑装饰设计研究院有限公司
设计主创：范宏伟、付鑫
设计团队：王建伟、张向为、关宇、王杨第、王延军、焦阳、袁博

珠海歌剧院

设计单位：深圳洪涛装饰股份有限公司
设计主创：范晓刚
设计团队：胡宏毅

深圳宝悦 W 影城

设计单位：福州博影装饰设计有限公司
设计主创：李宏
设计团队：林鑫、王其飞

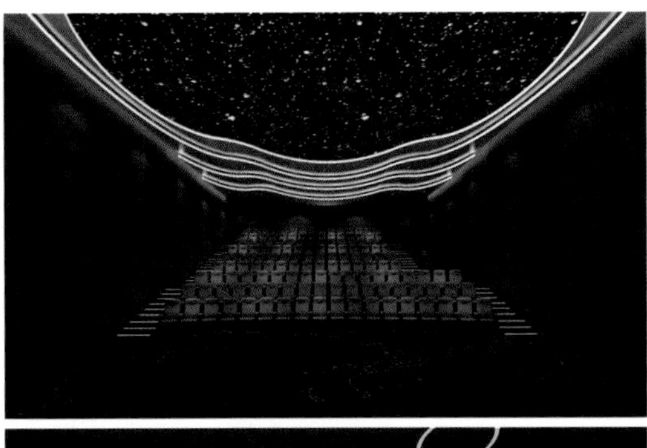

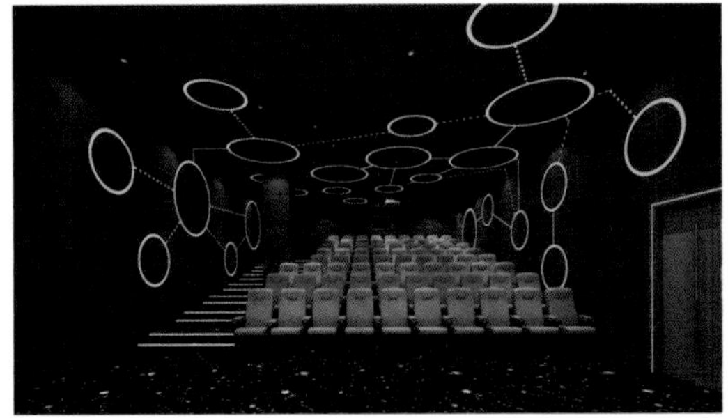

昆明博悦城

设计单位：北京清尚建筑设计研究院有限公司
设计主创：曾卫平

阅读体验中心

设计单位：周海梁个人工作室
设计主创：周海梁

广西巴马养生度假酒店

设计单位：上海现代建筑装饰环境设计研究院有限公司

设计主创：庄磊、侯建琪、张静、龚彦敏、蒋婍嬿、王一先

金陵对韵 · 苏宁博物馆

设计单位：上海晰纹与洋建筑设计有限公司

设计主创：郭晰纹

参与设计：吴耀隆

义乌禅修艺术中心

设计单位：绣花针（北京）艺术设计有限公司
设计主创：贺则当
设计团队：张志娟、郭靖、吴鑫飞、韩军、王建强

木居

设计单位：湖南株洲随意居杨威设计事务所
设计主创：吴渊
参与设计：李俊林

青岛东方影都大剧院

设计单位：深圳市洪涛装饰股份有限公司

设计主创：郇强

苏州浒墅关文体中心室内空间

设计单位：江苏恒龙装饰工程有限公司

设计主创：马鑫、王娟

参与设计：丁利飞

扬州安乐巷张园

设计单位：天津东林维度装饰设计有限公司

设计主创：刘雅正

湘西经济开发区金融中心酒店

设计单位：苏州金螳螂建筑装饰股份有限公司

设计主创：毛悦

溧阳中关村孵化大楼

设计单位：上海现代建筑装饰环境设计研究院有限公司
设计主创：张东英、王亮、曾扬辉

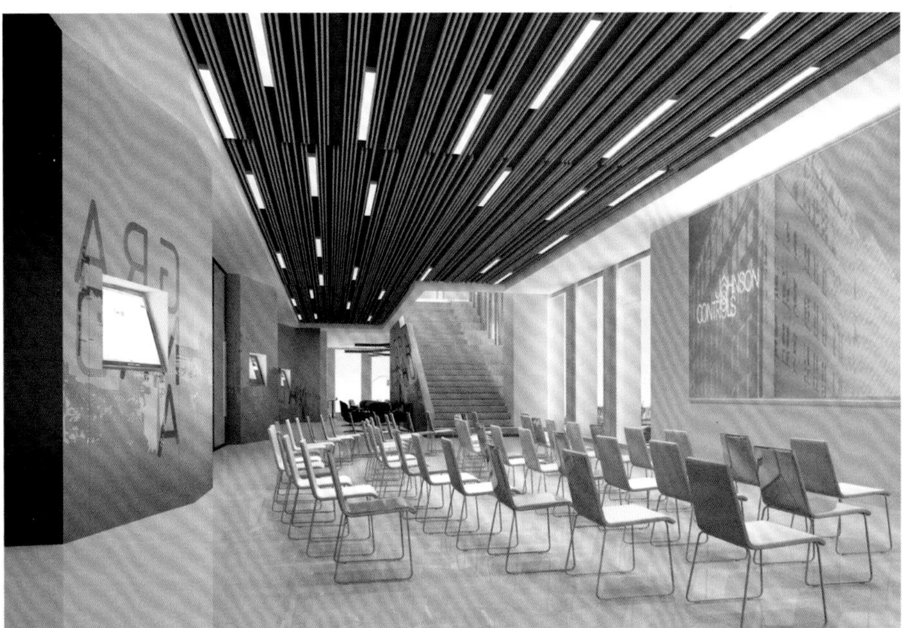

康定江巴村游客服务中心室内装饰

设计单位：中国建筑西南设计研究院有限公司
设计主创：张国强、杨龙飞
参与设计：周楠

观海

设计单位：鸿扬家装
设计主创：袁佳丽

江边风楼

设计单位：鸿扬家装
设计主创：邓志飞

响水坝水库纸教堂

设计单位：鸿扬家装

设计主创：罗岚

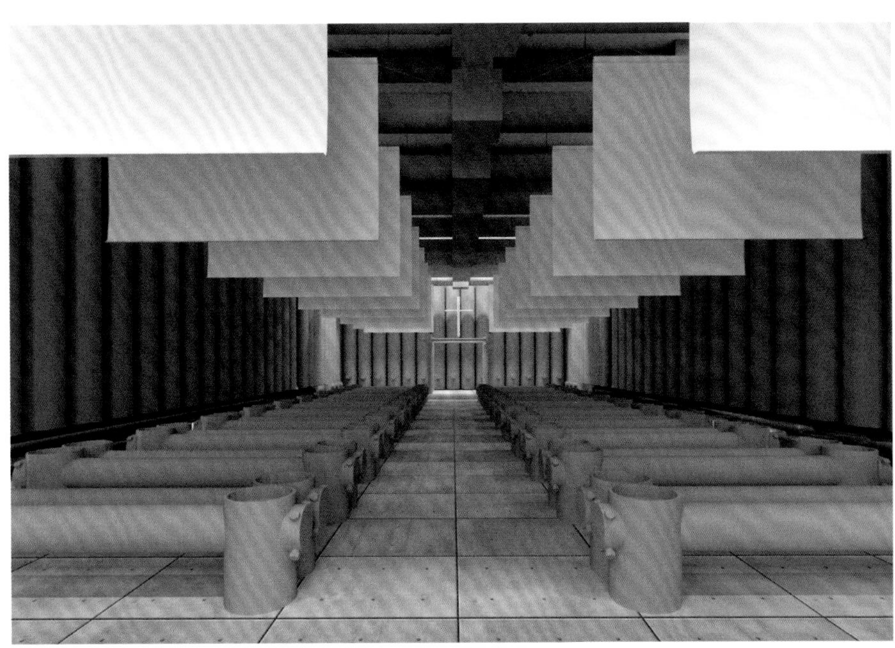

防城港市沙潭江生态科技产业园启动区（一期）

设计单位：广西华蓝建筑装饰工程有限公司

设计主创：雷乐、覃剑

参与设计：杨媚

国寿红木博物馆 · 展厅

设计单位：深圳名汉唐设计有限公司
设计主创：卢涛
参与设计：刘树老

北京长城华冠汽车有限公司

设计单位：苏州苏明装饰股份有限公司
设计主创：魏无蓉
参与设计：凌晨

青岛锦绣华城蔡宅

设计单位：北京雅云国际建筑设计有限公司

设计主创：王馨雅

参与设计：翟子

千朝谷仓 土产超市

设计单位：山西叁叁零装饰有限公司

设计主创：贾杨慧

宁波东钱湖康德思酒店

设计单位：深圳洪涛装饰股份有限公司
设计主创：邱希雯
参与设计：宗子溪

竹间

设计单位：四川观酌私享建筑装饰设计有限公司
设计主创：宋维

几合

设计单位：北京山乙装饰工程设计有限公司
设计主创：王志远

暖流新秀

设计师：王施霖

季候鸟

设计单位：成都之境内建筑设计咨询有限公司
设计主创：陈全文
设计团队：张静、陈晚霞

图书在版编目（CIP）数据

第二十届中国室内设计大奖赛优秀作品集 / 中国建筑学会室内设计分会编. -- 南京 ：江苏凤凰科学技术出版社，2018.4

ISBN 978-7-5537-9046-6

Ⅰ. ①第… Ⅱ. ①中… Ⅲ. ①室内装饰设计－作品集－中国－现代 Ⅳ. ①TU238.2

中国版本图书馆CIP数据核字(2018)第040396号

第二十届中国室内设计大奖赛优秀作品集

编　　者　中国建筑学会室内设计分会
项目策划　凤凰空间／刘立颖
责任编辑　刘屹立　赵　研
特约编辑　刘立颖

出版发行　江苏凤凰科学技术出版社
出版社地址　南京市湖南路1号A楼，邮编：210009
出版社网址　http：//www.pspress.cn
总 经 销　天津凤凰空间文化传媒有限公司
总经销网址　http：//www.ifengspace.cn
印　　刷　广州市番禺艺彩印刷联合有限公司

开　　本　965 mm×1 270 mm　1／16
印　　张　26
字　　数　249 600
版　　次　2018年4月第1版
印　　次　2018年4月第1次印刷

标准书号　ISBN 978-7-5537-9046-6
定　　价　398.00元（精）

最佳设计企业奖

◎鸿扬家装

色界 银奖
可人艺术馆 银奖
青苔不会消失 银奖
构筑空间 铜奖
白居忆 铜奖
檐 铜奖
公 · 室 入选奖
书盈四壁 室无俗情 入选奖
记 · 易 入选奖
亮 · 工作室 入选奖
纯时光 入选奖
于宅 入选奖
单色居心宅 入选奖
黑白摇曳 入选奖
写意 · 木构 入选奖
怡和山庄 入选奖
光盒作用 入选奖
一个地下室的秘密 入选奖
鱼山—归去在园林 入选奖
素 · 居 入选奖
忆墨 入选奖
园 · 居 入选奖
观海 入选奖
江边风楼 入选奖
响水坝水库纸教堂 入选奖

◎福建国广一叶建筑装饰设计工程有限公司

FORUS VISION 金奖
听海 铜奖
融侨锦江悦府 · 闲居 入选奖
MELODY 入选奖
福州新华都海物会 入选奖
W · WHITE 入选奖
“灵”近致远 入选奖
中铁元湾 入选奖

◎上海现代建筑装饰环境设计研究院有限公司

轨道交通三、四号线上海火车站站西站厅改造工程 铜奖
上海科技大学新校区一期工程图书资料馆 铜奖
济南鲁能希尔顿酒店 入选奖
浦东 T1 东航旗舰贵宾室 入选奖
浦东市民中心对外服务窗口 入选奖
徐汇区南宁路 969 号、999 号装修工程 入选奖
上海科技大学新校区 · 物质学院 入选奖
威茨曼上海公司主楼室内装饰 入选奖
上海虹桥 GT 酒店改造 入选奖
苏州地铁五号线（苏嘉杭站） 入选奖
通华科技大厦办公楼 入选奖
合肥离子医学中心 入选奖
中国航空研究院研发保障基地项目 1 号楼 入选奖
江湾区新建医疗用房 入选奖
新江湾城精装房 入选奖
广西巴马养生度假酒店 入选奖
中国黄金大厦室内空间 入选奖

◎上瑞元筑设计有限公司

杭州多伦多自助餐厅（来福士店） 金奖
“海味观”新海派菜 银奖
北京 attabj 餐吧 铜奖
扬州虹料理 入选奖

◎大连纬图建筑设计装饰工程有限公司

创意孵化基地 金奖
V2 馆 银奖
管宅 入选奖

◎湖南美迪装饰公司 · 赵益平设计事务所

柒柒茶堂 金奖

◎苏州金螳螂建筑装饰股份有限公司

安徽大别山御香温泉 铜奖
苏州地铁三号线 入选奖
无锡地铁三号线 入选奖
华星光电 入选奖
云南报业传媒广场 入选奖
泰州开泰宾馆 入选奖
汉中天汉文化公园 C 区园林艺术酒店 入选奖
青城山国医馆 入选奖
上饶龙潭湖宾馆二期 入选奖
湘西经济开发区金融中心酒店 入选奖
溧阳中关村孵化大楼 入选奖

◎杭州大尺建筑设计有限公司

POPO 幼儿园 金奖
你看起来很好吃！ 入选奖
陶瓷生活体验馆 入选奖

◎长沙雨花区水木言空间室内设计室

盘小宝影视体验馆 金奖
黄粱一孟 入选奖

◎广州立品品牌策划有限公司

一尚门 TFD × BANKSIA 餐厅 银奖
MGS 曼古银零售空间 银奖